U0163060

西方地图史研究概论

潘晟　王俊姣 编著

图书在版编目（CIP）数据

西方地图史研究概论 / 潘晟, 王俊姣编著. —北京：北京联合出版公司, 2023.11

ISBN 978-7-5596-7209-4

Ⅰ. ①西… Ⅱ. ①潘… ②王… Ⅲ. ①地图—地理学史—研究—西方国家 Ⅳ. ① P28-091

中国国家版本馆 CIP 数据核字（2023）第 165620 号

西方地图史研究概论

作　　者：潘　晟　王俊姣
出 品 人：赵红仕
出版监制：刘　凯
责任编辑：申　妙
特约编辑：刘朝霞
封面设计：黄晓飞
内文排版：麦莫瑞文化

北京联合出版公司出版
（北京市西城区德外大街 83 号楼 9 层 100088）
固安兰星球彩色印刷有限公司　　北京联合天畅文化传播有限公司发行
字数 200 千字　787mm × 1092mm　1/16　17.5 印张
2023 年 11 月第 1 版　　2023 年 11 月第 1 次印刷
ISBN 978-7-5596-7209-4
定价：78.00 元

　文献分社出品

前　言

1998年到武汉跟随鲁老师攻读硕士学位，老师特意嘱咐我要认真听王克陵老师的课。王老师给我们开的课程的名称我忘记了，只记得有科学史和地图学史的内容。从那个时候开始接触地图学史和科学史。王老师上课很生动，也很天马行空，从古文字到绘画，从科学到数术，用现在的说法那是一门脑洞大开的课程。王老师课上提出，希望有同学能通过这门课程与他合写一篇文章，这样课程就比较圆满了。王老师一直关注古文字训诂与地形地貌的关系，他在课上提出春秋时期汉水流域地名“澨”的问题，刚好那个时候我正在梳理先秦时期汉水流域的资料，就在王老师指导下写这个题目。我把找到的史料和自己的分析写给他，他把他找的史料和整个文章论证的过程用几张纸写好给我，条理清晰简明，我就在他的框架下把初稿写出来。这篇文章在王老师指导下修改了几次，后来在《中国科技史料》上发表，王老师还是满意的。不过我写的课程论文是《五服与中国古代地图学》，在王老师帮助下投给当时编辑部还在武汉的《地图》杂志，2001年第2期刊发。它是我独立发表的第一篇论文，也开启了此后对地图学史的长期关注。

王老师是测绘学出身，又喜欢艺术，关注地图学中科学与人文的普遍性问题，同时也向我们介绍了他撰写的关于中国早期测绘工具的论文，以及由他的同学代为在国际测绘学会议上宣讲的故事，向我们强调要重视国际学术前沿。那个时候的国际交流其实还是很受限制，在武大图书馆能看到的外文专著也不多。就算是2004年我到北大读博士的时候，在图书馆也只能找到几本英文地图学史专著，J.B.哈利等人主编的《地图学史》已经出版的几卷也只有国家图书馆和科学院图书馆有。大概2006年之后，国家政策开始大力支持出国访学，我因为英语不好，没有能够在读博阶段出国。直到2015年，费了九牛二虎之力才取得了出国访学的机会。

当我在伯克利的几个图书馆看到那么多世界各地的地图学史专著之后，在国内所了解到的世界上地图学史研究只是少数人在做的滞后的信息与观念被打碎在地，便有了无论如何也要看看世界各地的学者是如何谈论地图学史和地图史研究的想法。这里有必要对地图学史和地图史研究两个概念稍稍做一些说明。地图学史，作为一个学术术语，主要指作为系统的知识体系的地图学的发展史；而地图史研究，狭义一点，主要指具体的单幅地图或地图集研究，宽泛一点则所有涉及地图的研究都包括在内。由于这两个概念既有相互交错重叠的部分，又有各自独立的部分，因此本书在使用这两个概念的时候根据行文的需要有时候连用，有时候单独使用。

世界各地的地图，最基本的功能都是指路，都是告诉人们什么地方有什么，它是科学与人文的普遍性特征的产物。因此，哪怕我自己的兴趣对象是中国地图中的示意地图，也不能把自己关起门来说这个问题只有中国有，不需要了解中国以外的地图学史或地图史研究。自身学术发展的局限，除了天赋、勤奋之外，一个很重要的因素就是学术信息的掌握。信息闭塞，无论是有意还是无意，绝大多数情况下都会阻碍学术原创性并降低学术研究的水准，这是天赋与勤奋不能弥补的一个环节。对世界各地学术发展的有意无意的忽视，一方面造成了中国学术不少领域长期局限在国门之内，无法对世界学术发展做出自己的贡献；另一方面也造成了中国学术不少领域长期的软骨病与无畏病，无法分辨世界学术的优劣，这是一个事实。对此，我虽然愚钝，但是不能装作看不见。这也是我，敢于斗胆以西方学术外行的身份撰写西方地图史研究概论的勇气所在。

虽然有勇气，但是也要坦诚地面对自身的不足。限于能力和条件，本书所介绍的西方地图史研究，主要侧重于20世纪五六十年代以来英语世界的几个侧面，且不包括西方学者做的中国古代地图研究（这部分得由熟悉海外汉学的同行才能完成），对于俄语、法语、德语、西班牙语、意大利语发表的论著基本上没有涉及；对于五六十年代以前的研究也基本上不甚了了，所以只能称为概论。日本在近代脱亚入欧，其学术研究基本上融入了西方学术体系，它的地图学史和地图史研究很有特点，也极为丰富，因故未能列入。而韩国与东南亚的地图史研究现状，则受制于语言能力与资料条件，也付诸阙如。这些都不是我们能力范围内的事情，有待学术先进们去解决。

如果说，我们的这本小册子能引起中文地图史研究跳出中国问题的局限，跳出满足于二传手的局限，能够为祛除缺乏学术优劣分辨力的软骨病与无畏病的中国学术起到一点点抛砖的作用，那么我们的写作目的就达到了。

目　录

第一章　20 世纪六七十年代西方地图史研究的兴起 / 1

第一节　制图者目录与地图价格目录 / 2

第二节　目录的编纂与古旧地图影印出版 / 9

第三节　地图史兴起阶段的地图史研究 / 20

第四节　本章小结 / 26

第二章　20 世纪八九十年代地图史研究的转向 / 28

第一节　哈利及其地图学史哲学观 / 29

第二节　大卫·特恩布尔："理论即地图" / 65

第三节　克里斯蒂安·雅克布："绘与读"的地图史理论 / 81

第四节　本章小结 / 86

第三章　地图史研究转向后的传统研究 / 89

第一节　地图学家及其地图学论题的深化 / 89

第二节　具体地图研究 / 94

第三节　测绘技术史与区域测绘史 / 99

第四节　本章小结 / 106

第四章　地图与图像：从地图史到普通史 / 108

第一节　地图与区域历史地理 / 108

第二节　地图史呈现历史 / 116

第三节　本章小结 / 162

第五章　权力、资本、知识：地图史与地理空间的相互创造 / 164

第一节　地图史与欧洲国家历史的相互创造 / 164

第二节　地图史与殖民地历史的相互创造 / 171

第三节　地图史与世界历史的相互创造 / 181

第四节　本章小结 / 188

第六章　女性主义、传播及其他：地图史的多样性 / 189

第一节　女性主义地图史研究 / 189

第二节　地图的传播：新闻地图史 / 197

第三节　本章小结 / 206

附录　西方地图史研究论著概目 / 208

索　引 / 240

后　记 / 267

第一章　20 世纪六七十年代西方地图史研究的兴起

对古旧地图的研究或讨论虽然很早，但是作为一种专题研究兴趣在西方的兴起则大概是从 20 世纪六七十年代以来的事情。[①] 时至今日，地图史研究不仅得到了深化，蔚为大观，而且充满了活力[②]，其影响正逐渐向其他人文与社会科学扩展，特别是在学术思想市场上表现日益突出。因此勾勒西方地图史研究的走向，将有助于我们更好地切入国际学术领域，以及在自身丰富的古旧地图资料基础上开出学术创新之花。

---

① Helen Wallis, Preface, for Ronald vere Tooley, *Tooley's Dictionary of Mapmakers*, Tring, Hertfordshire, England: Map Collector Publications Limited, 1979 (©Meridian Publishing Company and Alan R. Liss, Inc.), xi–xii. Malcolm Lewis 认为是 20 世纪 70 年代以来的事情，并从国际性的专业委员会、学术期刊，以及研究思想与方法等方面对 20 世纪 90 年代以前的地图史发展做了概括，参见 Malcolm Lewis，“地图学史”词条，R.J. 约翰斯顿主编的《人文地理学词典》，柴彦威等译，北京：商务印书馆，2004 年，第 57—63 页。

② J.H. Andrew, Preface, for *Maps in Those Days: Cartographic Methods Before 1850*, Dublin 8: Four Courts Press, 2009, xv–xvii. J.H. Andrew 在序言中指出，“过去的 45 年来，地图史的专著和论文爆炸性增长，”并认为现在“地图史的文献增长得太快，以致于任何个人都难以消化”。David Buisseret, Preface, of *The Mapmaker's Quest: Depicting New Worlds in Renaissance Europe*, Oxford: Oxford University Press, 2003, xi. 大卫·布塞雷特（David Buisseret）在序言中认为：“过去 20 到 30 年之间，对地图学史感兴趣的学者数量突然增长，《国际指南》（Map Collector Publications LTD of Tring）中的学者人数从 1992 年的不到 400 人，到 1998 年增加到大约 650 人。”20 世纪 90 年代中期以后地图史迅猛发展的趋势显然大大超出了 Malcolm Lewis 为 1994 年版 R.J. 约翰斯顿主编的《人文地理学词典》撰写地图学史词条时候的估计，见 Malcolm Lewis，“地图学史”词条，R.J. 约翰斯顿主编的《人文地理学词典》，第 57—63 页。

第一节　制图者目录与地图价格目录

西方地图研究的学术史很长，但是在学术界作为一种引人注目的研究兴趣的兴起则可能是从20世纪六七十年代开始的，而且与当时蓬勃兴起的古旧地图交易有着密切的关联。

从收藏到地图学史和地图史研究，制图者都是一个极为重要的研究对象。制图者在英文中有不同的表达，mapmaker或者cartographer，这两个词似乎在词义上是有区别的，前者似比后者宽泛，后者更侧重于地图测绘含义，但在实际使用时，这两个词表达的制图者都很宽泛，经常互相替代。一般的观念中，这两个制图者主要是指绘制地图的人，但是深入地图学史和地图史就会发现这样的认知还是很模糊的。绘制地图的人，可以是从事测量并绘图的人，也可以是并没有参与测量甚至也不会测量的编绘人员。而当下，制图者概念下包括的制图人的范围更为广泛，包括测量、绘图，以及雕版等地图复制的各个环节的人，从学者到工匠都在此范畴内。无论如何，制图者是地图学发展的基础，也是地图生产的基础。

一、早期的制图者名录编纂

1979年海伦·沃利斯（Helen Wallis）为罗纳德·托利（Ronald vere Tooley）编撰的著名的《托利制图者辞典》（*Tooley's Dictionary of Mapmakers*）撰写的《序言》，即从制图者研究的角度回顾了西方地图史研究的学术史。[①] 据海伦·沃利斯的概括，最早编撰制图者名

① Helen Wallis, Preface, for Ronald vere Tooley, *Tooley's Dictionary of Mapmakers*, Tring, Hertfordshire, England: Map Collector Publications Limited, 1979 (©Meridian Publishing Company and Alan R. Liss, Inc.), xi–xii.

录的是德国制图家亚伯拉罕·奥特留斯（Abraham Ortelius，1527—1598）。奥特留斯在 1570 年出版的《寰宇全图》（*Theatrum Orbis Terrarum*）中有一个 90 位制图者名单的表格。在这个表中，不仅包括为他的地图集提供地图的同时代人，还包括那些古今地理学家和测绘学家的名字。1603 年出版的时候，表中收入的制图者名单扩大到 183 人。这个名单表成为利奥·巴格罗（Leo Bagrow，1881—1957）《制图学目录》（*Catalogus Cartographorum*，1928）的基础。

第二份重要的制图者名单由威尼斯的宇宙学家温琴佐·科罗内利（Minorite Friar Vincenzo Coronelli，1650—1718）在《宇宙编年》（*Cronologia Universale*，1707）一书中（该书是其大部头作品 *Biblioteca Universale*，即《宇宙目录》的导论）列举了从荷马（Homer）到蓬扎（Ponza）的 96 位地理学家、制图者，其中 69 位有详细的传记。这种工作成为活跃于 18 世纪早期对历史感兴趣的古物收藏者的爱好。这方面值得一提的还有格雷戈里（Johann Gottfried Gregorii），他是该领域温琴佐·科罗内利之后的一位重要先驱（*Curieuse Gedancken von den vornehmsten und accuratesten Alt- und Neuen Land-Charten*，1713）。

在概略回顾早期研究史之后，海伦·沃利斯指出，随着当时对地理学史兴趣的发展，增加了很多书目，传记目录，以及地图目录，并有人编纂了区域性的制图者目录，如 O. 赖盖莱（O. Regele）编的澳洲军事测绘员目录，R. 厄梅（R. Oehme）为西南德国地区编的目录，B. 奥尔谢夫伊茨（B. Olszewicz）编纂的波兰测绘员目录。编制这些制图者名录的来源主要是收藏目录，如《大英博物馆印刷地图目录》（*British Museum Catalogue of Printed Maps*, 1967），菲利普斯（Philip Lee Phillips）主持的《国会图书馆地理图集目录》（*A List of Geographical Atlases in the Library of Congress*,1909—1920 年陆续出版，该书卷目按作者编排，并附有作者列表索引）。利奥·巴格罗《测绘学史》（*Die Geschichte der Kartographie*，1951）中的“测绘学者一览表”列有1210人。而斯凯尔顿（R. A. Skelton）主编的《测绘学史》（*History of Cartography*，1964）一书中编制的“测绘学者列表（到1750年）”有1500人。雷蒙德·李斯特（Raymond Lister）的《怎样确认旧地图和地球仪：印刷地图和地球仪的绘图者、雕刻匠、出版商、印刷者列表，1500—1850》（*How to Identify Old Maps and Globes, with a List of Cartographers, Engravers, Publishers and Printers Concerned with Printed Maps and Globes form c. 1500 To c. 1850*），则罗列了超过2000人的名单（该书提供了不列颠绘图者的详细记录）。①

二、罗纳德·托利的《托利制图者辞典》

1960年代中期，两项几乎各自独立的项目进入出版阶段。一项是威廉·邦克（Wilhelm Bonacker）1966年出版的《世界各地的制图者》（*Kartenmacher aller Lander und Zeiten*），该书是包括了绝大多数语言和地区的最重要的地图绘制者的第一本词典，其中德国部分尤其详细。另一项就是托利的《托利制图者辞典》（1979）。托利书中A to Callan，发表于1965年《地图收藏家》（*Map Collector's Series*）的第16号上。到1974年《地图收藏家》（*Map Collector's Circle*）无以为继的时候，托利《辞典》（包括A到P）出版了10个部分（按：

① 该书1965年由G. Bell & Sons Ltd. 出版公司初版。1970年再版。1979年第三版时换了出版社，书名改为：*Old Maps and Globes: with a List of Cartographers, Engravers, Publishers and Printers Concerned with Printed Maps and Globes from c. 1500 to c. 1850*, London: Bell & Hyman Limited, 1965（1970, 1979）. 海伦·沃利斯为托利的辞典写序言的时候还不可能看到1979年的最新版。该书至今仍然很有参考价值。

据该辞典的版权页，期刊的发表日期是 1965—1975 年）。这些内容经过修订和扩充形成了完整的“制图者辞典”。该《辞典》由英语写成，是此类著作中最全面的，书中记录了 1900 年以前的地图生产者 21450 人。

据托利 1978 年 11 月为自己的辞典写的《前言》，该辞典是基于作者 50 年的研究，依据大量的参考书、古书和地图销售者的分类目录补充、修正而成，编撰的目的是提供最为简洁的关于地图生产者的辞典，从最早的时代直到 20 世纪 90 年代。作者还指出，虽然尽力编纂，但是很多绘图者（cartographers）、雕刻者（engravers）以及出版商（publishers）被忽略了，尤其是那些只出版了单种地图和参与了一次工作的人。[①] 该辞典的辞条按字母排列，给出姓名、生卒日期、名誉称号（title of honour）、工作地址以及地址变迁、地图或地图集的主要信息（包括日期、编辑等），如果地图有重要的历史意义，还会加上说明。

托利除了编撰该辞典外，早在 1949 年就出版了专著《地图与制图者》(*Maps and Map-Maker*s)，该书陆续修订再版、重印，到 1987 年出了第 7 次修订版，[②] 经久不衰。此外托利与查尔斯・布里克（Charles Bricker）和杰拉尔德・罗・克龙（Gerald Roe Crone）合作撰写了《制图史的里程碑》(*Landmarks of Mapmaking*, New York: Thomas Y. Crowell Company, 1976)，该书提供了丰富的图解，在收藏领域影响较大。托利对于编制地图目录和书籍目录充满了理想与热情，也取得了非凡的成绩。在地图目录之外，他编纂的《1790—1860

① Ronald vere Tooley, *Tooley's Dictionary of Mapmakers*, Tring, Hertfordshire, England: Map Collector Publications Limited, 1979 (©Meridian Publishing Company and Alan R. Liss, Inc.), foreword.

② Ronald vere Tooley, *Maps and Map-Maker*s, New York: Dorest Press, 1987 seventh edition, reprinted 1990.

年间带彩色图版的英国图书》(*English Books With Coloured Plates 1790—1860*)也非常著名，1954年出版，1987年重印。

托利的《地图与制图者》，在《导论》之外，正文14章节，文字部分150多页。该书插图是单独编号，不计入文字页码内，140幅黑白插图，8幅彩图，多数是1图1页，少数多图1页。铜版纸印刷，小16开。正文，根据资料的详略程度按国家与地区编排最为著名的地图绘制者及其地图。每一章节在概论具体国别的重要地图作者及其地图之后，列出与该人物及地图相关的主要资料与研究，是别具一格的各地区地图学发展简史。欧洲部分较为详细，其他部分则较为简略。

依据辞典的《前言》，托利大概从1929年前后开始从事古旧地图以及旧书交易，在伦敦的旧书商中享有声誉，又称为Mick Tooley。1982年，他与道格拉斯·亚当斯(Douglas Adams，1931—2004)，以及史蒂夫·勒克(Steve Luck，1953—)一起创办了“托利－亚当斯”(Tooley Adams)古旧书店，该店铺位于伦敦马里波恩大街(Marylebone High Street)。现在该古旧书店叫“托利－亚当斯有限公司”(Tooley, Adams & Co.)，开通了网店(网址为http://www.tooleys.co.uk/)。

三、大卫·乔利《古旧地图价目表》

大卫·乔利(David C. Jolly)编撰并编辑出版了《古旧地图价目表(1983)》(*Antique Map Prices 1983*)，全称为《1983年古旧地图、海图、城市图片、天体图和战争布防图价格指南与收藏手册》(*Antique Maps, Sea Charts, City Views, Celestial Charts & Battle Plans, Price Guide and Collectors' Handbook for 1983*)。该书是关于古旧地

图收藏的专业指南书，是仿照邮票目录做的系列出版物。[①] 全书内容包括《前言》《使用说明》《术语表》《影响地图价值的因素》《如何分辨复制品》《如何搜集地图》《参考书》《托勒密的地理学》《托勒密地图版本表》《地图与景观作者词典》《主要书商表》《书商分类》《统计信息（制图家均价、年份与价格、100 位常见制图家、制图家作品表）》《货币兑换表》《价格表》《图名字母索引》。

依据《前言》，作者之所以编纂该手册，是有感于当时作为小众的地图收藏，很难得到收藏方面有用的建议，对于很多人来说有点望而却步。古地图和海图的市场分散在专家、珍本图书公司、古玩商以及印刷商之中，使初来乍到的人可能被迷惑或感到害怕。他编纂该书的目的就是为收藏者提供实用的建议，特别是价格方面的指导，为地图经销商和地图收藏者提供帮助。作者认为，该书对于偶然碰到地图的人同样有用，比如珍本书商或二手书商、古玩商、印刷商以及鉴定家。

该书所编辑的价格和珍稀程度方面的标准信息，主要是为投资和交易提供参考，不过对于需要搜寻地图的图书馆和历史博物馆，这些价格信息也有用。

大卫·乔利编辑该书参考了《美国流通书价》（*American Book Prices Current*）和《书商价格指南》（*Bookman's Price Index*）。他的目标是这本《古旧地图价目表》能够与邮票和钱币收藏者所使用的标

---

① 世界上著名的邮票目录有《斯科特标准邮票目录》（*Scott Standard Postage Stamp Catalogue*，1868 年就开始出版）、《吉本斯邮票目录》（*Stanley Gibbons*，1865 年开始出版）、《香槟邮票目录》（*Theodore Champion Stamp Catalogue*，1898 年开始出版）、《米歇尔邮票目录》（*Michel Stamp Catalogue*，1909 年开始出版）。钱币目录有克劳斯（Chester Krause）和米什勒（Clifford Mishler）编著的《世界硬币标准目录》（*Standard Catalog of World Coins*），克劳斯出版社（Krause Publications）从 1952 年开始出版。斯科特也出硬币目录，吉本斯公司从 1876 年就开始编辑钱币目录。这些目录出版都很早，且连续定期出版，其中《斯科特标准邮票目录》是每年出版一次，为邮票和钱币收藏提供了极大的便利。大卫·乔利仿效邮票目录编制古旧地图价格目录。

准价格目录媲美。

虽然编者希望达到与流行的权威邮票和钱币目录的效果，但是在编辑第一辑的时候仍然较为谨慎，把它看作是一种实验。不过从实际发行情况看，还是不错的，仅在加州大学伯克利分校大地与地图图书馆（Earth Saence and Maps Library）就藏有1983—1989年之间连续的7册。（按：访学的时候查过网络信息，印象中现在已经转成编辑网络版。）

该目录的价值是多方面的。首先，它对于地图文化史研究价值巨大。有助于了解20世纪中后期地图收藏情况，主要古旧地图交易商的变化，古旧地图交易均价的长周期演变等。其次，往往为人所忽略的是这些地图价格目录，本身也是古旧地图目录，而且这些目录编制的信息很全面，对于古旧地图的真伪、流转、国际间传播等问题都是比较好的参考资料。

该书附有编辑者认为有用的参考书目，并有扼要的评语。

四、大卫·史密斯《英伦古旧地图》

大卫·史密斯（David Smith）编辑的《英伦古旧地图》（*Antique Maps of the British Isles*, Butler & Tanner Ltd. 1982）出版比较早，对于了解20世纪80年代以前的英国古旧地图很有帮助。

依据该书目录，在图解、序言等之外，首先是英国地图学史的基本介绍，在内容编排上很有特点。第一部分是不列颠地图学的发展，包括英格兰、威尔士、苏格兰，还有爱尔兰，这部分是总论。第二部分是地图生产，包括地图生产的历史、纸张、颜色、地图遗存、地图资源，以及卡姆登的不列颠［Camden's Britannia, Camden应该是指William Camden，生于1551年5月2日，卒于1623年11月9日，他在1586年撰写了《大不列颠》（*Britannia*），被看作是第一部从地形理解英国的专著]。第三部分是地图图像设计，包括浮雕、林地、狩猎区与郡地、聚落、海岸与海、比例尺、距离、指北、其他象征符号等。第四部分是装饰，包括字母、涡卷、边界、经线、纹章、花边和铭记。第五部分是地图贸易，包括地图贸易的历史、地图生产的融资及广告。第六部分是地图分类，分为英伦地图、国家地图、地区图、郡图、大比例尺地图、地形测量、地方地图、不动产地图、圈地地图、什一税调查、袖珍地图（pocket maps，直译为口袋地图）、交通与通讯、公路、水路、铁路、专题地图、地质地图、扑克、军事地图与规划和插图。第七部分是绘图者，以人名为词条，共96个词条。在正文部分之后，有术语表、文献选目，很有用（可惜当时没有拍照）。然后是6个附录，分别为收藏、古旧地图商、价格、会期、社团、注释和地图考辨方法。最后有缩写表和索引。综合起来，该书是研究英国古旧地图的一本基础参考书，也是收藏英国古旧地图的专业手册，对于地图学史研究和地图收藏都很有价值。

上面的介绍挂一漏万，但是也透露出在西方地图学史和地图史研究中，地图收藏者起到了很重要的作用，他们不仅仅是古旧书商，也是专业素质过硬的学者。其中有些人撰写了地图学史的经典论著，有些人则编制了非常有参考价值的地图目录，为地图学史和地图史的兴起提供了基础。

第二节　目录的编纂与古旧地图影印出版

一、馆藏目录编纂概略

在馆藏地图目录的编撰方面，目力所见最早的可能要数大英博物馆1861年编成的3卷目录 *Manuscript Maps, Charts, and Plans, and*

Topographical Drawings in the British Museum, Vol.1–3,（1861, printed by Order of the Trustees, London, Mclcccxliv）。

而个人见到的较早的关于如何做好馆藏地图的收藏、保护与编目的论著是1967年6月14—16日在渥太华加拿大公共档案馆（Public Archives of Canada, Ottawa）召开的加拿大地图图书馆第一次会议的论文集，除导言与致辞等之外，共收入10篇论文，内容涉及地图收藏、编目与保护方面的问题。（*Proceedings of the First National Conference on Canadian Map Libraries*, June 14–16,1967, Public Archives of Canada, Ottawa）。吉勒·朗热利耶（Gilles Langelier）《国家地图收藏》（*National Map Collection, Minister of Supply and Services Canada*, 1985），英法两种文字撰写，1985年由加拿大供应与服务部支持出版，是加拿大国家各机构收藏地图情况的指南。洛兰·迪布勒伊（Lorraine Dubreuil）《加拿大地图收藏辞典》[*Directory of Canadian Map Collections*,1986（5th edition）, Association of Canadian Map Libraries and Archives] 1992年的第6版由蒂姆·罗斯（Tim Ross）编辑（*Directory of Canadian Map Collections*,1992, 6th edition, Association of Canadian Map Libraries and Archives），都由加拿大地图图书馆与档案馆协会（Association of Canadian Map Libraries and Archives）支持出版。英法双语，两版之间主体基本一致，但是在具体收藏单位，收藏情况上往往有调整。

美国编有《美国地图资源指南》（*Guide to U.S. Map Resources*），1986年出了第1版，1990年出了第2版。[1] 美国除了全国性的指南外，还有如杰弗里·克罗斯勒（Jeffrey A. Kroessler）编撰的《纽约地区古旧地图资源指南》（*A Guide to Historical Map Resources for*

① David A. Cobb,（compile）, *Guide to U.S. Map Resources*（second edition）, the American Library Association,（1986）1990.

Greater New York, 1988，该书由纽约市社会科学研究委员会资助），约万卡·里斯蒂奇（Jovanka Ristic）编辑的《美国地理学会图书馆馆藏手稿地图和注解地图目录》（*Manuscript and Annotated Maps, in the American Geographical Society Library: A Cartobibliography*, 2010, Board of Regents of the University of Wisconsin System）等地区和行业组织性馆藏地图目录。

除了编制地图目录以外，还有一种值得关注的是古旧地球仪的收藏目录，这方面代表性的作品如雷蒙德·李斯特《怎样确认旧地图和地球仪》这一不断被修订再版的经典以外，还有彼得·范·德·克罗格特（Peter van der Krogt）《尼德兰老地球仪》（*Old Globes in the Netherlands, A Catalogue of Terrestrial and Celestial Globes Made Prior to 1850 and Preserved in Dutch Collections*, Utrecht: HES Uitgevers, 1984）这类以国别为中心的古旧地球仪收藏目录。

世界各国与各地图书馆、博物馆等机构大多有类似的工作以及相应的出版物，而且大多是长期的、延续性的工作，至今仍然在不断推进。

二、新加坡地图收藏联合目录

尼古拉斯·马特兰德（Nicholas Martland）《新加坡地图收藏指南》（*Guide to Map Collections in Singapore*）1987年由新加坡国立图书馆参考服务部编辑，该书有个很长的副标题“官方刊行的新加坡和马来西亚地图相关目录性论文”（with a bibliographical essay on official publications relating to cartography in Singapore and Malaysia）。

据编者在《序言》中指出，该书包括：“新加坡和马来西亚的测绘、海图、平面图在内的官方出版物的目录，是为那些对测绘史及相关学科有专业兴趣或学术兴趣的人编制的。”

在《导引》部分介绍了编辑该目录的具体情况："1986年9—10月，问卷送到了新加坡80多家组织和机构，以询问他们的收藏情况，他们中间80%返回了问卷。这些机构中一半以下没有收藏。余下的，仅选择17家。有些组织特别要求不要包括在内，而有些则收藏太少，或者不适合列入。本手册确定保存在新加坡的新加坡和马来西亚地图的主要收藏情况。有些收藏机构要求严格的在室阅览，他们有一些记录在案的重要收藏，它们被列出来并不意味着对公众是开放的。很多在封闭的收藏机构中的地图可能在另外的机构中是向公众开放的。"这种办法对于有意编纂类似目录的同行很有参考价值。

该目录在《序言》《导引》之外，正文包括3部分：《收藏机构列表》（Listing of Collections, pp.6–22），《目录概论》（Bibliographical Essay, pp. 23–28），《政府出版物列表》（Listing of Official Publications, pp.29–41）。

《收藏机构列表》虽然反映的是1987年之前的情况，但是对于访问地图仍然有参考价值。其项目包括单位名称、地址、联系方式，藏图数量等级、藏图地域范围、藏图时代、地图类型、获取方式、是否可复制和藏图总体评价。

以国立档案馆为例，藏图从19世纪以来至今，其数量在2000幅以上，包括新加坡、马来西亚，以及其他东南亚国家，所藏地图类型分为地形图、水道图、城市图、街道图；通过公开申请可以查阅、复印。该馆所藏早期新加坡城市地图，以及周围水域的海图和岛屿地图，价值很高。

依据《收藏机构列表》，新加坡国立图书馆藏有19世纪以前至今的地图，超过2000幅，是国立档案馆之外收藏新加坡、马来西亚和东南亚国家地图的重要机构。另外，国家博物馆藏图当时虽然少于500幅，但是时代从19世纪以前至今，不过它只对学术研究者开放。

《目录概论》是编者撰写的关于新加坡、马来西亚等东南亚地图学相关目录文献的概论。《政府出版物列表》则是政府机构地图文献出版情况的介绍。这两者对于进一步了解该地区早期地图学文献有很大的帮助。

该目录虽然编制时间较早，也较为简略，但是对于访问地图和从事该地区地图学史、区域历史、历史地理专题研究仍然是有参考价值的书目。

三、英国德文郡地图与制图人目录

玛丽·拉文希尔（Mary R. Ravenhill）、玛格丽·罗威（Margery M. Rowe）合作编写的《德文郡地图和制图人：1840年之前的手稿地图》出版比较晚，2002年出版。它属于“德文与康沃尔记录社”（Devon and Cornwall Record Society）新丛书的第43卷，分两个部分。2010年增补本出版（*Devon Maps and Map-makers: Manuscript Maps Before 1840, Volume I, Volume II*, Exeter: Short Run Press Ltd., 2002; Supplement, Exeter: Short Run Press Ltd., 2010）。

《德文郡地图和制图人》第一部分，包括《前言与致谢》《缩略词》《图解与地图列表》《导论》《图目A—E》。第二部分则是《图目F—Z》《图目增补》，以及《附录A：正文、增补、附录B、附录C中提到的测绘员》（Surveyors Mentioned in the Main Text, the Supplement, and in Appendices B and C），《附录B：1792—1840年之间德文郡治安秘书与地方法院保存的主要法令中的平面图》（Plans of Major Statutory Undertaking in Devon deposited with the Clerk of the Peace, Devon Quarter Sessions, 1792-1840），《附录C：1840年以前德文郡地方法院登录在案的“高速公路改造”平面图》（Plans of “Highway Diverted” enrolled at Devon Quarter Sessions before 1840），《附录D：

本卷收录地图的来源博物馆名录》(List of Repositories whose Maps are Represented in this Volume),还有《人名索引》《参考书目》《德文与康沃尔记录社出版物目录》。

《导论》部分讨论了源于地籍地图的发展,18 世纪德文郡的测绘,地图的色彩与装饰,测绘员的训练与教育,衍生职业、薪酬与社会地位,部分 18 世纪德文郡测量员,德文郡地产图的所有者与测量员,埃克塞特城的测量员与制图者,以及小结。这篇长达 43 页的《导论》,讨论了德文郡地图史的主要方面,是非常有特点的地方地图学史专题论文。

收录的图目主要来自德文郡的 31 个机构,还有一些来自私人等其他收藏单位。图目的编排按德文郡教区名称的首字母顺序展开,同一教区内部按时间先后罗列,并列出了行政区变动地区的地图情况。共收录了 450 个教区当中 80% 的地图,1500 多条地图记录。在书的扉页和封底有德文郡教区的编号图以及教区名录的数字编号。但是在该编号图和对应的教区名录上只看到 425 个编号,其中埃克塞特(Exeter)、普利茅斯(Plymouth)、托贝(Torbay) 3 个地方没有编号。另外第 xii 页德文郡图中用灰色区别标出了图目中没有地图收录的教区。图目上方是数字编号,如 1/1/1,表示字母 A 开头的第一个教区的第一种地图;如是 1/4/2,表示字母 A 开头的第 4 个教区的第 2 种地图。要注意的是,字母是教区名称的首字母,不是地图上所属教区的编号,地图的年代,保存地的档案编号或收藏编号。编目项目包括图题、测绘员、比例尺、材质、尺寸、方位、内容、装饰、背书(endorsement)、辅助文献、出版情况、注解等,每一条根据具体情况罗列。

增补本的内容包括:《致谢》《缩略词》《图解与地图列表》《导论》《图目》《附录:正文提到的测绘员》《人名索引》《德文与康沃尔记录

社出版物目录》。该册中，增补了 2002 年之后新发现的 49 种地图或地图集，这些图的时代介于 17 世纪晚期到 1838 年之间，其中有名可考的测绘员有 23 位，这些都是以前未曾知晓的内容。

虽然书中仅提供了 16 幅彩图图版，外加增补中 2 幅黑白图版，但是该目录内容详细，为讨论德文郡 1840 年以前的地图情况提供了丰富有用的资料。另外，依据该书《导论》，知道英国这类地方性地图目录不止德文郡一种，至少剑桥郡也编有类似的目录（其目录编者与书名如下：A. Sarah Bendall, *Maps, Land and Society,* Cambridge, 1992）。这些出版的地图目录，不仅对于英国地图学史研究很有用，就是对于英国史研究也很有用。

英语出版的有关世界各地地图的书很多，类似奥斯卡 · 诺威奇（Oscar I. Norwich）编的《南非地图》[*Maps of Southern Africa*, Johannesburg: AD Donker（PTY）LTD., 1993] 这样的小册子，对于了解不同地区的古旧地图线索都有一定的帮助。

四、报纸期刊刊发地图专题目录

1989 年纽约图书馆编辑出版了克里斯多夫· 克莱因（Christopher M. Klein）《18 世纪不列颠杂志地图》（*Maps in Eighteenth-Century British Magazines A Checklist*），[①] 书中列出了 18 世纪英国期刊上发表的各类地图，按刊物类型分类排列，并对这些地图做了详细的目录学分析。它的目录选取了 5 种 18 世纪的英国期刊：《绅士》（*Gentleman's Magazine*），《伦敦》（*London Magazine*），《政治杂志》（*Political Magazine*），《苏格兰》（*Scots Magazine*），《大众杂志》（*Universal Magazine*）。目录列表从 1—57 页。从 59—72 页为索

---

① Christopher M. Klein, *Maps in Eighteenth-Century British Magazines A Checklist*, The Newberry Library, 1989.

引，比较有特点，是主题、作者与标题的混合索引。在《序言》里面详细介绍了为什么选择这5种期刊，以及这5种期刊的出版情况，刊登地图的数量变化等，为读者提供了编目部分的背景知识。利用它的介绍与编目，也能够展开一定的讨论。该目录的条目要与后面的索引结合起来一起查看，才能得到完整的信息。它的编目方式是每一种杂志建立一个极为简略的字母与数字编号，然后是地图的名称，以及扼要的描述，在期刊上的具体位置，物理形态。在条目前有一个目录列表的说明，以“G39.3”为例，其含义是1739年《绅士》（*Gentleman's Magazine*）的第3幅地图。即“G”代表杂志《绅士》；“39”表示1739年（因为该书编目的期刊都是18世纪的，所以省略了17）；“.3”表示该年份该杂志刊登的第3幅地图。为给大家一个直观的认识，抄录其第一条为例：

G36.1

Map of the Old World, as it appeared before God destroy'd it with the waters of the Flood. See Gent. Magazine Dec. 1736, p.732B.E. Browen sculp.

19 × 11cm.; opp.732.

这个目录做得很细致，如果能找到18世纪英国杂志的数字版本，利用这个目录可以快速地按图索骥。如果没有数字版本，利用这个目录也大致能了解18世纪英国杂志刊登地图的概况，对于地图史研究是很有用的资料。

报纸期刊刊登的地图数量众多，在西方地图史研究中占有一席之地。报纸期刊地图的编目为地图史研究打开新路径提供了便利。

五、馆藏、收藏展览与影印

与地图编目相应的是古旧地图的展览与影印出版，这类出版物的数量十分庞大，下面仅列举一二以见大概。

专题地图如1964年印行的普林斯顿大学图书馆藏《18世纪新泽西的道路地图》（*New Jersey Road Maps of the 18th Century*, Princeton: Princeton University Library, 1964）。1984年詹姆斯·马丁（James C. Martin）和罗伯特·马丁（Robert Sidney Martin）编辑出版了《得克萨斯及其西南部地图，1513—1900》（*Maps of Texas and the Southwest, 1513–1900*，University of New Mexico Press, 1984）。2007年新出版了一册《走向得克萨斯：5个世纪的得克萨斯地图》（*Going to Texas: Five Centuries of Texas Maps*, The Center for Texas Studies at TCU, 2007），该书虽然用的纸张不错，但是清晰程度参差不齐。

还有一些非英语的影印古旧地图集值得关注，如地方性的 *Island und das nÖrdliche Eismeer: Lamd–und Seekarten, seit 1493*（Hamburg: Altonaer Museum, 1980），是汉堡北德土地博物馆的阿尔托那耶博物馆的地图展览和藏品记录，提供的图像对于了解西方测绘、印刷、技术方法有一定价值。*Cartografia Historica de la Nueva Galicia*（Universidad de Guadalajara, Escuela de Estudios Hispano–Americanos de Sevilla, 1984），是南美秘鲁的加里纳亚的古地图。*Salvat Mexicana de Ediciones, Imagende Mexico: Historia de la Ciudad de Mexico*（S.A. DE C.V., 1984。该图集版权页上似乎名称为《墨西哥形象：墨西哥图史》，1984年出版，共收入1幅景观画，6幅地图），是介绍墨西哥地图的小册子。再如 *L'isola A Tre Punte: La Sicilia dei Cartografi dal XVI al XIX Secolo*（Catania: G. Maimone，1999）是关于意大利西西里岛16—19世纪的古旧地图集。埃米利奥·奎托（Emilio Cueto）编辑的《旧地图上的古巴》（*Cuba in Old Maps, Miami, The Historical Association of Southern Florida*, 1999）该展览的地图集，搜集了大量古巴旧地图，或者绘有古巴的旧地图。图版前有详细的古巴地图史介

绍，图版有详细的说明。而 *De Grote Le Grand Atlas Van De Ferraris*（*De Eerste Atlas van Belgie Le Premier Atlas de la Belgique*,（Uitgeverig Lannoo nv, Tielt, Belgie–Belgique, 2009）影印的是 1777 年比利时地图集（600 多页，铜版纸，大 8 开的厚厚的图集，影印质量很好）。

六、地图史研究论著目录编纂

编撰地图史研究论著的专题目录是地图史研究的一项基础工作，因目力有限，只看到了埃里克·W. 沃尔夫（Eric W. Wolf）的《地图学史论著目录：1981—1992》（*The History of Cartography, A Bibliography: 1981—1992*, 1992）。据他的《序言》，系统的地图学史研究从 19 世纪开始，他罗列的前辈先驱有哈里斯（Harrisse）、洪堡（Humboldt）、若马尔（Jomard）、科尔（Kohl）、莱莱韦尔（Lelewel）、米勒（Miller）、努登舍尔德（Nordenskiõld）、桑塔伦（Santarem）、温莎（Winsor）、祖拉（Zurla）等。[①] 说老实话，他罗列的这些西方地图学史研究的先行者，我一个也不知道。沃尔夫认为"二战"以后地图学史的研究开始爆发，标志就是 1972 年芝加哥大学出版社出版的 R.A. 斯凯尔顿《地图：地图研究与收藏的历史》（*Maps: A Historical Survey of Their Study and Collection*, Chicago: University of Chicago Press，1972），但是此后地图学史的研究发展更快，证据就是更多卷期的文献，各种地方的、国家的、跨国的组织参与到该领域中来。1981 年的时候沃尔夫就在华盛顿地图协会的帮助下编了一个论著目录，1984 年波特兰（The Portland）出版。他这次新编的目录，按作者姓氏字母顺序编排，并将非英文标题翻译成了英

① Eric W. Wolf, complied & etc., The History of Cartography, A Bibliography: 1981-1992, 1992, The Washington Map Society in Association with fiat Lux, Washington, DC and Falls Church, Av.

文，有详细的出版信息，有些还列出了售价。正文 78 页，共收录条目 1018 条。附有一个有点看不懂的索引。抄录 2 条，以供参考。

1.Achtnich, W. H. *Schweizer Ansichten: Verzeichnis der Ortsansichten in Chroniken und Topographien des 15–18. Jahrhunderts, 1477–1786*（= *Views of Switzerland: Catalogue of Town Views in 15th to 18th Century Chronicles and Topographies, 1477–1786*）. Text in German and French. Bern; Schweizer Landesbibllothek, 1987.

3.Akerman, James R., and David Buisseret. *Monarchs, Ministers & Maps: A Cartographic Exhibit at the Newberry Library on the Occasion of the Eighth Series of Kenneth Nebenzahl. Jr. Lectures in the History of Cartography*. Illustrated exhibition catalogue. Chicago: The Newberry Library, 1985. $5.00.

从收录的情况看，除了专著、期刊论文外，还包括展览目录等各种内容的文献，其收录文献的范围不仅包括英文，还包括用德文、法文等欧洲语发表的文献，对于了解 1981—1992 年间的西文地图学史研究及与地图学相关的事件非常有价值。

在网络遍及的当下，大多数收藏机构尤其是重要的大型图书馆、博物馆等公藏机构在网上不仅有对所有读者开放的馆藏目录供检索，还有不少机构有大量的在线古旧地图资源供读者浏览下载。这对于从事地图史研究的人来说是极为便利的条件，也几乎是一项必须掌握的技能。虽然如此，知识产权、整理编目进度、数字化进度等方面的缘故，网络还不能替代现场的纸质阅读，其中的理论与实践问题很引人入胜，但超出了本文的范围，在此不予讨论。

第三节 地图史兴起阶段的地图史研究

一、苏珊·戈莱的印度地图收藏与研究

因为收藏地图或从事地图交易，如托利那样进而研究地图的人并不少。苏珊·戈莱（Susan Gole）就是这样一位令人尊敬的女性地图收藏家与研究者。她利用自己的收藏撰写了《早期印度地图》（*Early maps of India*, New Delhi: Arnold-Heinemann Publishers (India) Private Limited, 1976）。该书提供了32幅图解，在序言、导论之外，正文大体按时代先后由《传说中的印度》（Fabulous Ind）、《寻找香料与基督徒》（In Search of Spices and Christians）、《莫卧儿帝国》（Magni Mogolis Imperium）、《通向印度之路》（The Way to the Indies）、《欧洲人的竞技》（European Rivalry）、《最早的测量》（The First Surveys）、《三角测量》（Triangulation）、《1800年以前的印度印刷地图》（Maps of India Printed Before 1800）8个专题组成，并有详细的参考书目与索引。后来她又在此基础上出版了扩充版，书名改为《恒河上的印度》（*India within the Ganges*, New Delhi: Jayaprints, 1983）。

二、托尼·坎贝尔《最早的印刷地图：1472—1500》

苏珊·戈莱是私人收藏与研究，而托尼·坎贝尔（Tony Campbell）则是在国际机构的帮助下展开工作。

他撰写《最早的印刷地图：1472—1500》（*The Earliest Printed Maps, 1420–1500*, Berkeley: University of California Press, 1987） 是对1952年《马塞尔·德东布的十五世纪雕版图目录》（*Marcel Destombes's Catalogue des cartes gravées au XVe siècle*）上罗列的古地

图的详细研究，包括作者、地图本身、传本情况，并列有详细的参考书目。

该书是国际地理学联合会早期地图工作组（the Working Group on Early Maps of the International Geographical Union）的产物，是关于中世纪地图系列出版项目的第四种也是最后一种。有意思的是，到该目录出版时候，该系列出版物只有第一种《东西半球地图》（*Mappemondes*, 1964）。依据乔治·基什（George Kish，密歇根大学）为该书撰写的《前言》，该书是1952年国际地理学联合会出版的15世纪印刷地图目录更详细的版本。该工作最初是1931年在巴黎建立的国际地理学协会（the International Geographical Congress）设立的早期地图编目委员会推动的［the Commission for the Inventory of Early Maps，该委员会由罗伯托·阿尔马贾（Roberto Almagià）教授领导，1934年和1938年该委员会重组，到1949年在里斯本更名为早期地图委员会（the Commission on Early Maps）；该委员会一直工作到1964年伦敦地理学大会，此时由R.A.斯凯尔顿主持，并转入国际地理学联合会早期地图工作组；该工作组在R. A.斯凯尔顿逝世后由G. R.克龙领导，其主要目标就是编辑新的目录］。[1]

该目录的工作得到了图书馆的广泛支持，特别是5家美国图书馆：明尼苏达大学图书馆的詹姆斯·富德·贝尔特藏部（the James Ford Bell Collection）、堪萨斯大学图书馆、密歇根的威廉·L.克莱门特图书馆（the William L. Clements Library）、纽伯里图书馆、弗吉尼亚大学图书馆。

该书共Xii+244页，162—210页之间列有69幅图版，在第viii–xi页之间是该69幅图版的详细目录，包括编号、类型、作者、出版

① Preface, by George Kish, in Tony Campbell, *The Earliest Printed Maps, 1420–1500*, Berkeley: University of California Press, 1987, p. vii.

地、日期、区域、来源、原版尺寸。第1—20页是很长的《导论》。《导论》扼要叙述了古典时代与中世纪的地图学发展情况，主要是T–O地图。接着介绍了托勒密（Ptolemy）地图，指出13世纪之前没有以托勒密理论绘制的地图，要到《地理学指南》（*Geographia*）的拉丁文版出版之后，托勒密的理论才成为地理学的杰出思想而流行，然后才是托勒密地图的流行。导论还介绍了15世纪的印刷术，印刷地图的物理特征、目录的构成、地图定义、目录的组织方式，以及致谢。

正文第一部分是单幅地图，第二部分是图集和书中的地图，第三部分是托勒密地图等。各部分除无名氏地图之外，均按人名设置条目，如北欧和中欧的库萨地图（Cusa即艾希斯塔德地图，Eocjstättmap. Cusa是Cardinal Nicholas, 1401—1464，德国的红衣主教，哲学家、数学家，反对哥白尼的学说），纽伦堡的埃茨劳布地图（Etzlaub map，即埃茨劳布的《通向罗马》地图），罗塞利地图（Rosselli Map），吕斯特和施波雷尔地图（Rüst and Sporer）等。每个条目包括地图名称、作者、尺寸、比例尺、介质、内容等的扼要描述，地图上铭文原文与英文译文，作者或名义作者的生平，地图物理特征，早期记载，参考文献，副本收藏等情况。

附录比较多。附录1是被排除出去的条目，包括难以描绘或错误描述的地图、确证不是印刷的地图、可能是16世纪的地图、市政平面图等。

附录2使用穿孔刻字的雕刻地图，有3个表格，分别是：1500年前印刷出版的文献与普查统表（concordance to the literature and censuses of incunabula）、年代索引、出版地索引，以及普通参考文献，单幅地图原址与地址索引、人名索引、地名索引。

总体上看，该目录类似于中文目录学中的叙录体，利用它可以对目前全世界收藏的1472—1500年欧洲早期印刷地图的出版、收藏、研究情况，以及这些早期地图的相关史料记载等重要的学术信息有充分的了解。即使无法查看原件，利用书中所附的图版，也能得到较为准确的信息，是一本学术价值很高的地图学史目录学著作。

托尼·坎贝尔是剑桥大学历史学专业出身，在古旧地图交易行业做了20年的交易图录编目工作。1984年进入不列颠图书馆地图馆工作，1987年成为该地图馆的馆长。托尼·坎贝尔撰写了很多关于早期地图的论文，为《地图收藏家》（*Map Collectors' Series*）撰写了不少专题论文，并在国际地图收藏家协会理事会（Council of the International Map Collectors' Society）任职。他的专著《早期地图》（*Early Maps*, New York：Abbeville Press）出版于1981年。他在早期海图研究上也做出了贡献，收入哈利和伍德沃德合作编辑的《地图学史》第一卷中（1987）。他也是两年一次的国际地图学史会议的论文评议人，并且从1975年开始一直为著名的期刊《图像世界》（*Imago Mundi*）做编年。

三、地图史兴起阶段代表性地图史论著

相比于地图收藏爱好者来说，专业学者的著作虽然传播上或许没有那么广泛，但是却实实在在地在各个领域多方位地为推动地图史的学术发展做出了贡献。

1949年出版的劳埃德·布朗（Lloyd A. Brown）《地图的故事》（*The Story of Maps*, Boston: Little, Brown and Company, 1949）是早期学术性较强的地图史专著。而1964年出版的利奥·巴格罗《测绘学史》（*The History of Cartography*, Cambridge, Massachusetts: Harvard University Press, 1964. R. A. Skelton, editor）直到20世纪80年代还是

西方古地图研究领域最为深邃的经典。[①]

在具体的专题研究方面，在英语学术界，关于英国地图和早期印刷地图的研究是非常热闹的领域。亚瑟·欣德（Arthur M. Hind）《16、17世纪英格兰的印刷地图，第I部分：都铎时期》（*Engraving in England in the Sixteenth and Seventeenth Centuries, Part I: The Tudor Period*, Cambridge, Cambridge University Press, 1952）提供了该时期可以找到的所有英格兰印刷地图的参考。而罗宾逊（A.H.W. Robinson）《大不列颠的海图》（*Marine Cartography in Great Britain*, Leicester, Leicester University Press, 1962）是关于英国海图研究的标准著作。萨拉·泰亚克和约翰·赫迪（Sarah Tyacke and John Huddy）《克里斯托弗·萨克斯顿和都铎时期的地图制造》（*Christopher Saxton and Tudor Map making*, London, British Library, 1980）是都铎王朝时期的地图简史，并有很好的图解。前文所述大卫·史密斯《英伦古旧地图》也是英伦三岛地图史的重要参考书。而萨拉·泰亚克编辑的《英国的地图制造：1500—1650》（Sarah Tyacke, ed., *English Map-making, 1500–1650*, London, British Library, 1983）是一本出色的论文集，涵盖了很多方面的细节。[②]

还有，如R.海德（R. Hyde）《维多利亚时代伦敦的印刷地图，

---

① Complied and edited by David C. Jolly, *Antique Maps, Sea Charts, City Views, Celestial Charts & Battle Plans, Price Guide and Collectors' Handbook for 1983*, p.15. 该地图交易目录是仿照邮票收藏的交易目录编制的连续出版物，所见为1983—1989年之间的7册，此后版权几经转手，据传现在由地图交易网站出版网络版。

② 上述专著与评论转引自P.D.A. Harvey, *Maps in Tudor England*, Chicago: the University of Chicago Press, 1993，p.117. 实际上英文学术界到20世纪六七十年代的地图史研究论著数量已经相当丰富，思想与方法也趋向多元化，但是由于没有找到合适的西文地图史研究论著目录，而利用相关专著的参考文献整理出一份较好的论著目录是一项费时费力的工作。本书的附录也只是一个初步的罗列，还无法对这一时期以前的西方地图史研究做深入全面的概括，这是略微遗憾的地方。

1851—1900》(*Printed Maps of Victorian London, 1851–1900*, Folkestone, 1975)，J. 郝根哥（J. Howgego)《大约1553—1850年间的伦敦印刷地图》(*Printed Maps of London Circa 1553–1850*, Folkestone, 1978)，D. G. 莫伊尔（D. G. Moir)《苏格兰地图：从早期到1850年》(*The Early Maps of Scotland to 1850*, vol.2, Edinburgh, 1983)。

1969年出版的罗杰·贝恩顿–威廉姆斯（Roger Baynton–Williams)《地图研究》(*Investing in Maps*, New York: C. N. Potter, Inc., 1969)，主要侧重于地图如何生产出来，以及哪些人制作了地图（包括绘制、制版、印刷等生产过程的各环节)，是一本关于制图与制图者的很好的入门书。后来成为地图学重要代表的大卫·伍德沃德（David Woodward）在1975年出版了《五个世纪的地图印刷》(*Five Centuries of Map Printing*, Chicago, 1975)。

在英国地图与印刷地图之外，其他专题以及区域研究同样引人关注，如亚瑟·罗宾逊（Arthur H. Robinson)《地图学史上的早期专题图》(*Early Thematic Mapping in the History of Cartography*, Chicago and London: The University of Chicago Press, 1982)。而唐纳·克普（Donna P. Koepp)《美国西部探险与绘图论文集》(*Exploration and Mapping of the American West Selected Essays*, Occasional Paper No.1, Map and Geography Round Table of the American Library Association, Speculum Orbis Press, Chicago, 1986)，是比较早的一本关于美国西部地图测绘和地图史的论文集，对于了解早期的学术史过程颇为有用。

与上面的专著相比，1972年诺曼·思罗尔（Norman J. W. Thrower）出版的《地图与人类》(*Maps and Man: An Examination of Cartography in Relation to Culture and Civilization,* Prentice–Hall, 1972)，从文化史角度对地图史进行了宏观论述，产生了巨大影响，数次修订再版（1996、1999、2007)，书名改为《地图与文明》

（*Maps and Civilization: Cartography in Culture and Society*, third edition, Chicago and London: The University of Chicago Press, 2007）。从今天的理论视野出发，该书虽然不再那么深刻，但是仍然很有启发性，更重要的是它似乎预示了研究理论与方法极大丰富的时代的来临。

第四节 本章小结

西方地图史的研究与近代地图学的发展相伴随，起步很早，研究的内容与对象极为广泛，为20世纪六七十年代西方地图史研究的兴起奠定了基础，其中有几个不可忽视的工作。

首先，地图目录的编制与出版，为进一步研究提供了坚实的基础。从事地图史或地图学史研究，必须有可资利用的地图目录，要知道重要地图的流传情况、收藏情况；要了解不同国家、地区公私机构的地图藏品概况等；在公私收藏机构之外，要有一定数量的古旧地图出版，以便于研究者利用。在这方面，以英、美、加等英语国家为例，不仅有馆藏机构的公藏目录，更有信息丰富、格式规范的古旧地图交易目录，这些古旧地图交易目录所登记的信息，除了便于藏品流通之外，它对于考证地图的版本、流传、真伪等都很有价值，其记录的价格信息还是很好的地图文化史研究资料。

其次，关于地图绘制的基础信息，如作者、绘制的技术、方法、仪器、内容、不同类型专题地图等现在一般称之为科学的地图学史研究工作的深入而广泛的展开，这方面特别是英国地图学史的工作极为丰富，解决了大量与地图相关的历史史实的问题，为地图学史和地图史研究的理论发展打下了扎实的经验研究的基础。

第三，学术共同体的努力。除了图书馆等收藏机构的独立工作之外，1931年在巴黎建立的国际地理学协会设立的早期地图编目委员，及其后续发展的早期地图工作组，所形成的地图学史研究共同体，有力地推动地图学史和地图史的研究，以及英国各郡或社区形成的一些地方历史研究组织所构成的学术共同体，也支持与促进了地图学史和地图史研究。

当然，一个更为宏大的背景是地图在当代成为无处不在的大众消费品，在社会生活的各个方面所起的各种作用，让人无法视而不见；它丰富的形式，引人遐思与喜爱，讨论与探究势所必然。

第二章 20世纪八九十年代地图史研究的转向

20世纪六七十年代出版了一系列对学术界，包括科学技术史产生深远影响的重要著作，如托马斯·库恩的《科学革命的结构》（1962）。又如，米歇尔·福柯的系列论著（1961年《疯癫与非理智》，1965年英文版改为《疯癫与文明》；1965年《词与物——人文科学考古学》，1970年英文版书名为《事物的秩序》；1969年《知识考古学》等），爱德华·W. 萨义德的《东方主义》（1978）。还有一种虽然出版甚早，但是直到20世纪60年代才有真正影响的著作，罗伯特·金·默顿的《十七世纪英格兰的科学、技术与社会》（1935年博士学位论文，1938年出版）。构成这些著作的学术与社会背景是西方社会风起云涌的后现代社会思潮，它们共同组成了此后各专业学科领域研究方法、问题等发生转向的思想资源。

地图史领域也不例外，很快就有学者做出了响应，[①] 其中以英国学者约翰·布莱恩·哈利（John Brain Harley），澳洲的大卫·特恩布

① 利用书目，可以找到不少这样的论著，如 A. H. Robinson & B. B. Petchenik, *The Nature of Maps: Essays toward Understanding Maps and Mapping*, University of Chicago Press, Chicago, 1976；P. D. A. Harvey, T*he History of Topographical Maps: Symbols, Pictures and Surveys*, Thames & Hudson, London, 1980；A. G. Hodgkiss, *Understanding Maps: A Systematic History of Their Use And Development*, Dawson, Folkstone, Kent, 1981；J. S. Keates, *Understanding Maps*, Longman, London, 1982. 引自 David Turnbull, *Maps Are Territories: Science Is An Atlas: A Portfolio of Exhibits*, Chicago: The University of Chicago Press, 1993（Originally published: Geelong, Vic.: Deakin University, 1989）书后的参考书目。

尔（David Turnbull），法国的克里斯蒂安·雅克布（Christian Jacob）的地图史研究理论颇具代表性，尤其是哈利及其合作者的影响最为深远。

第一节　哈利及其地图学史哲学观

哈利（英文学术界简写为 J. B. Harley，或 Harley，或 Brain）是当代地图学史研究的旗手，对其学术思想的讨论，最集中的见于 2015 年《地图学》（*Cartographica*）第 50 卷第 1 期，以特刊方式刊载了 11 篇论文，纪念哈利《解构地图》（Deconstructing the Map, 1989）发表 25 周年（该文 1989 年发表于《地图学》第 26 卷第 2 期，第 1—20 页）。而约翰·H. 安德鲁斯（J. H. Andrews）为哈利论文集《地图新质：地图学史论文集》（*The New Nature of Maps: Essays in the History of Cartography*, 2001）写的导论，[①] 以及马修·H. 埃德尼（Matthew H. Edney）的《哈利地图学理论的起源与发展》，[②] 是有关哈利学术思想，特别是地图学史思想的重要文献。此外，丹尼斯·科斯格罗夫（Denis Cosgrove）、约翰·克劳德（John Cloud）等给《地图新质》撰写的书评，[③] 也是有关哈利地图史研究值得参考的文献。

---

① John Andrews, “Meaning, Knowledge, and Power in the Map Philosophy of J. B. Harley,” in J. B. Harley, edited by Paul Laxton, *The New Nature of Maps: Essays in the History of Cartography*, Baltimore and London: The Johns Hopkins University Press, 2001, pp. 1–32.

② Matthew H. Edney, “The Origins and Development of J. B. Harley’s Cartographic Theories,” *Cartographica*, vol. 40, no. 1–2（Spring/Summer 2005）, monograph 54, pp. 1–143.

③ Denis Cosgrove, “Epistemology, Geography, and Cartography: Matthew Edney on Brian Harley’s Cartographic Theories（Book Review Essay）,” *Annals of the Association of American Geographers*, vol. 97, no. 1（March 2007）, pp. 202–209; John Cloud, “The New Nature of Maps: Essays in the History of Cartography（review）,” *Technology and Culture*, vol. 44, no. 3（July 2003）, pp. 647–649.

国内关于哈利及其地图学史的论述，主要限于他与大卫·伍德沃德发起编撰的多卷本《地图学史》，[①] 以及少数评论。[②] 哈利是当代西方地图学史兴起的理论旗手，他关于地图学史研究的理论阐述，迄今为止仍然是西方地图学史研究的主要理论与思想资源，很有必要对他的生平与学术思想做一系统的总结，以深化对西方地图学史、史学理论与地理学思想的认识。

一、哈利生平及其早期学术研究概述

（一）哈利生平简况

哈利 1932 年 7 月 24 日出生于英国布里斯托尔市（Bristol）的阿什利（Ashley），[③] 迄今未见关于其亲生父母的记载。哈利被一对

① （美）马修·埃得尼，（英）罗杰·凯恩著，夏晗登译：《〈世界地图学史〉的编纂（1977—2022）》，《历史地理》第三十四辑。据《世界人名翻译大辞典》，将 Edney 中文译名译为埃德尼。

② 孙俊等：《地图、权力与幻象：布莱恩·哈利的激进地图观及其影响解析》，《地图》（台北）2016 年第 25、26 期，第 41—68 页；潘晟：《作为理论与方法的地图史研究》，《中国社会科学报》2018 年 1 月 15 日，第 005 版；潘晟：《西方地图史研究：收藏兴趣、后现代转向、多样化》，《中国历史地理论丛》2019 年第 1 辑，第 139—158 页。

③ 本文哈利生平主要依据“Key Dates in the Life and Work of J. B. Harley”，*Cartographica*, vol. 40, no. 1–2（Spring/Summer 2005），p. ix; Richard Lawton, “Obituary: J. B. Harley, 1932–1991”，*Journal of Historical Geography*, vol. 18, no. 2（1992），pp. 210–212; William Ravenhill, “John Brian Harley, 1932–1991”，*Transactions of the Institute of British Geographer*, vol. 17. no. 3（1992），pp. 363–369; Eila M. J. Campbell, “Obituary: J. Brian Harley 1932–1991”，*The Geographical Journal*, vol. 158, no. 2（July 1992），pp. 252–253; David Woodward, “J. B. Harley（1932–1991）”，*Imago Mundi*, vol. 44（1992），pp. 120–125; Matthew H. Edney, “Works by J. B. Harley,” in J. B. Harley, edited by Paul Laxton, *The New Nature of Maps: Essays in the History of Cartography*, Baltimore and London: The Johns Hopkins University Press, 2001, p. 281. 等整理而来。后文不再一一注明。

谦逊的老夫妇收养，在斯塔福德郡（Staffordshire）乡下长大，① 从小就是大家眼中的“奖学金男孩”（scholarship boy）。1943 年，进入斯塔福德郡位于伍尔弗汉普顿（Wolverhampton）的布鲁德文法学校（Brewood Grammar School）读中学。1950 年高中毕业后，哈利到军队服役 2 年，先后到过塞浦路斯（Cyprus）、埃及（Egypt）、的里雅斯特（Trieste）。② 有学者认为，两年的军旅生涯，不仅为他提供了打开视野和到国外旅行的机会，更使他建立了信心，认识到自己比那些来自富裕家庭和读过更好学校的同时代人要聪明得多。

1952 年退伍后，当年哈利就进入伯明翰大学地理学系学习。伯明翰大学地理学系有着浓烈的历史学氛围，激发了哈利对历史景观的兴趣，他辅修了历史学。1955 年哈利以当年最优秀学生身份得到地理学学士学位（B. A. Honors Degree），并获得 W. A. 卡德伯里奖（W. A. Cadbury Prize）。大学毕业后，出于对学术市场不确定性的风险规避，哈利又进入牛津的大学学院（University College, Oxford）学习教育学课程（1955—1956），取得了教育学硕士文凭（Dip Ed）和教师资格证。

1956 年哈利回到伯明翰大学地理系，得到人文学科的国家助学金（State Studentship in Arts），在热衷于沃里克郡（Warwickshire）历史地理研究的哈里·索普教授（Harry Thorpe）③ 指导下，对中世纪沃里克郡阿登（Arden）和费尔顿（Feldon）地区进行比较研究，1958

① 哈利从小生活的地方，各传记写作斯塔福德郡，其地 1974 年之后属西米德兰兹郡（West Midlands），因此理查德·劳顿（Richard Lawton）在关于哈利的讣告中直接写作西米德兰兹郡。

② 哈利在军队服役时所到地方，大卫·伍德沃德的讣告中写的是的里雅斯特、埃及、塞浦路斯。

③ 哈里·索普（Harry Thorpe，1913—1977），英国“第一代”历史地理学家之一。曾任伯明翰大学地理系主任，英国地理学会伯明翰和伍斯特分会的主席和全国主席，伦敦古文物学会的会长。

年哈利发表了第一篇论文《从1279年沃里克郡百户区档案看其人口趋势与农业发展》(Population trends and agricultural developments from the Warwickshire Hundred Rolls of 1279)。1960年他以“1086—1300年之间沃里克郡斯通利和凯恩顿百户区的人口与土地利用”论文(Population and Land-Utilization in the Warwickshire Hundreds of Stoneleigh and Kineton, 1086-1300)获得博士学位。

1958年，在得到利物浦大学助理讲师(assistant lectureship)职位之前，哈利曾在莫斯利皇后桥中学(Queens bridge School, Moseley)教过书，[①]并与埃米(Amy)结婚。1959年1月，哈利到利物浦大学地理系担任助理讲师，讲授通论课程，在英国历史地理研究方面成为重要的一员，1961年升任讲师(lecturer)。[②]1966年在约翰·卡特·布朗图书馆(The John Carter Brown Library, Rhodes Island)进行了为期5个月的博士后研究(Postdoctoral fellowship)。

哈利在1969年辞去利物浦大学的工作，到位于牛顿·阿博特(Newton Abbot)的大卫&查尔斯(David & Charles)出版社担任策划编辑(Sponsoring editor)，从事地理学、地形学和地图学方面的出版工作。在此期间，他与艾伦·贝克(Alan Baker，后来成为英国历史地理学的旗帜)成为朋友，合作编辑了一个长期出版项目《历史地理学研究》(*Studies in Historical Geography*)丛书。[③]哈利作为全职的策划编辑虽然只有一年时间，但是非常成功。即使1970年

① 在理查德·劳顿撰写的“Obituary J. B. Harley, 1932—1991”中没有提到具体的中学名称。

② 不少传记，包括大卫·伍德沃德写的“J. B. Harley(1932—1991)”，都将哈利到利物浦大学工作的时间定为1958年，但是“Key Dates in the Life and Work of J. B. Harley”明确记作1959。可能相关传记将哈利接到利物浦大学任命的时间作为起始时间算。

③ 该系列丛书共有两套。第一套“历史地理学研究丛书”由哈利和艾伦编辑，大卫&查尔斯出版社和道森出版社出版；第二套“剑桥历史地理学研究丛书”哈利逝世前参与了部分编辑，由剑桥大学出版社出版。

到埃克塞特大学任职之后，他仍然从事兼职的咨询编辑工作，与大卫 & 查尔斯出版社的合作持续到 1976 年。1976—1979 年之间与道森（Dawson）出版社合作，同时担任陆地测量局（Ordnance Survey）史的编委会委员，1972—1979 年之间还担任英国地理学家协会（Institution of British Geographers）出版委员会委员，并担任《地图收藏家》（*Map Collector*）的编辑顾问，以及汽车协会测量地图《不列颠景观》（*Landscapes of Britain*）的顾问编辑。[①]

哈利的全职编辑生涯虽然成功，但在这个过程中他发现自己最喜欢的事情还是在大学地理系当老师。恰好离哈利刚搬的新家很近的埃克塞特大学（Exeter University）给他提供了这样的机会。1970 年哈利到该校地理系任讲师，讲授历史地理学。1972 年升任蒙泰菲奥里讲座教授（Montefiori Reader）。这一时期哈利不仅从事英国地形测量史的研究，同时还对北美地图学史，特别是美国独立战争（Revolutionary Wars）地图进行研究。由于经常访问美国，他对不同的制图传统、地图绘制者和使用者产生了浓厚的兴趣。最为重要的是，1977 年，在牛顿 · 阿伯特的海威克教堂（High Week church）走向电梯间的时候，与来自威斯康星大学麦迪逊分校（University of Wisconsin, Madison）的大卫 · 伍德沃德，酝酿了多卷本《地图学史》的构想，并说服芝加哥大学出版社和纽伯里研究所（The Newberry Institute at Chicago）支持该计划。[②]

在埃克塞特大学期间，哈利在学术上取得了巨大的成功，但

① 艾伦 · 贝克（Alan Baker），著名英国历史地理学家，阙维民翻译了他的历史地理学论著《地理学与历史学——跨越楚河汉界》。关于哈利 1969 年从利物浦离职，威廉 · 拉文希尔（William Ravenhill）用不满现状（restless spirit）一笔轻轻带过，据埃拉 · M.J. 坎贝尔（Eila M. J. Campbell）的描述，是哈利在利物浦大学晋职遭到挫折（frustration and lack of promotion）所致。

② 《地图学史》卷 1、2、3、4、6 已经正式出版，成一农等人翻译的 1、2、3 中文译本已出版。

是生活却遭遇了不幸。1983 年妻子早逝，同年他唯一的儿子约翰（John）在一场事故中丧生，好在他的三个女儿卡伦、克莱尔、萨尔哈（Karen, Claire, and Sarha）帮助他度过了这段黑暗的日子。在家庭的不幸之外，此时英国大学的保守主义和顽固也使哈利不满。虽然 1984 年哈利被选为英国测绘学会会士（Fellowship, of the British Cartographic Society），1986 年成为终身会士（Life Fellow），另外在 1985 年伯明翰大学因其突出成就授予其文学博士（D. Litt.）的荣誉，[①] 但是哈利最终还是决定离开英国。1986 年，到美国威斯康星大学密尔沃基分校担任地理系教授，并任美国地理学会地图史办公室主任。[②]

在密尔沃基，哈利全身心投入到地图学史，特别是著名的多卷本《地图学史》项目之中。1985 年，《地图学史》第一卷基本完成，在与大卫·伍德沃德的通力合作下，该卷在 1987 年由芝加哥大学出版社出版。1989 年，哈利发表了著名的论文《解构地图》。1990 年出版了《航海展：地图和哥伦布相遇》（*Maps and the Columbian Encounter: An Interpretive Guide to the Travelling Exhibition*, Milwaukee: Golda Meir Library, 1990）。1991 年 9 月，英国测绘学会授予哈利“测绘学杰出成就与贡献”银奖。哈利梦想出版一本自己的专著，为之做了仔细的筹划，但是直到他 1991 年 12 月 20 日突发心脏病去世，都没有实现。1969 年在利物浦大学继任其历史地理学讲师职位的好友保罗·拉克斯顿（Paul Laxton）在其去世后帮助他完成了该愿望，遵从其生前的编选原则编辑出版了《地图新质》（2001）。

---

① 大卫·伍德沃德讣告中记录哈利获得文学博士荣誉的年份是 1979 年，其余记为 1985 年。

② 关于哈利到密尔沃基分校工作的时间，理查德·劳顿认为是 1987 年，其余多作 1986 年。关于他妻子逝世时间，埃拉·M. J. 坎贝尔记作 1984 年，其余写作 1983 年。

（二）哈利早期学术成就概述

攻读博士学位期间，哈利主要研究沃里克郡历史地理，使用地图阐释与展现历史景观，为沃里克郡历史地理研究服务。1958 年，哈利发表《从 1279 年沃里克郡百户区档案看其人口趋势与农业发展》，算是正式敲开了学术之门。在哈利之前，利用 1279 年百户区档案（Hundred Rolls）展开研究的集大成者是科斯明斯基（E. A. Kosminsky），他的研究主要是对先前过于简化或理想化的庄园结构（manorial structure）概念进行修正，讨论农民的土地保有权（peasant tenure）、地租、农民内部的社会和经济差异、中世纪英格兰小地主的作用等。[①] 哈利则通过对百户区档案中涉及沃里克郡的部分进行区域比较分析，拓展了研究领域。他将百户区档案中记录的沃里克郡拥有土地的人口数与耕地总数数据提炼出来，与《末日审判书》中的数据进行比较，概括出沃里克郡区域人口变化模式及该变化与农业发展的关系。哈利认为，中世纪早期的区域人口增长是一个极不平衡的过程。在人口数量不断增长的地区，不同的社会和经济制度得到发展，传统的农业组织单位庄园往往会发生根本性变化。哈利对这一结论是谨慎的，认为它仅针对沃里克郡而言，对于其是否适用于其他地区则需要更广泛的调查研究。[②]

取得博士学位后，哈利逐渐放弃了对中世纪英国历史地理的研究。1962 年，哈利发表《郡图绘制者——克里斯托弗·格林伍

① J. B. Harley, “Population Trends and Agricultural Developments [in] Warwickshire Hundred Rolls of 1279,” *The Economic History Review*, vol. 11, no. 1 (1958), pp. 8–18. The Hundred Rolls 是英格兰和威尔士部分地区在 13 世纪后期记录的人口普查数据，通常被认为是制作第二部《末日审判书》的尝试，许多卷已经遗失和损坏，Crone 但少数幸存下来，存放在基尤国家档案馆。

② J. B. Harley, “Population Trends and Agricultural Developments [in] Warwickshire Hundred Rolls of 1279,” pp. 8–18.

德及其1822年伍斯特郡地图》，[1]正式转向18世纪和19世纪初的英国地图学和地理学。同年，他参加了“英国测绘学中的里程碑”（Landmarks in British Cartography）讨论会，对与会的三篇论文做了简要评述，并就英国陆地测量局地图对私人地图制作者的影响，以及大比例尺郡图对其新的竞争对手的响应，这两个问题做了答复，对陆地测量局垄断英国基本地图测绘权之前的英国制图发展情况作了说明。[2]1963年至1964年，哈利在《皇家人文学会》（*Journal of the Royal Society of Arts*）上发表《皇家人文学会与英郡测绘，1759—1809》系列文章。[3]

1964年，哈利与查尔斯·威廉·菲利普斯（C. W. Phillips）合作编辑了《历史学家的陆地测量局地图指南》（The *Historian's Guide to Ordnance Survey Maps*）。[4]编制这本小册子的主要目的是为了梳理1801年以来英国陆地测量局一英寸及更大比例尺地图的历史发展。

① J. B. Harley, *Christopher Greenwood, County Map-maker, and His Worcestershire Map of 1822*, Worcester: Worcestershire Historical Society, 1962.

② G. R. Crone, “Early Cartographic Activity in Britain,” *The Geographical Journal*, vol. 128, no. 4（December 1962）, pp. 406–410; Eila. M. J. Campbell, “The Beginning of the Characteristic Sheet to English Maps,” *The Geographical Journal*, vol. 128, no. 4（December 1962）, pp. 411–415; R. A. Skelton, “The Origins of the Ordnance Survey of Great Britain,” *The Geographical Journal*, vol. 128, no. 4（December 1962）, pp. 415–426.

③ J. B. Harley, “The Society of Arts and the Surveys of English Counties 1759–1809,”（i）The Origin of the Premiums, *Journal of the Royal Society of Arts*, vol. 112, no. 5089（December 1963）, pp. 43–46;（ii）The Response to the Awards, 1759–1766, *Journal of the Royal Society of Arts*, vol. 112, no. 5090（January 1964）, pp. 119–124;（iii）The Changes of Policy, 1767–1801, *Journal of the Royal Society of Arts*, vol. 112, no. 5092（March 1964）, pp. 269–275;（iv）The Society's Place in Cartographical History, *Journal of the Royal Society of Arts*, vol. 112, no. 5095（June 1964）, pp. 538–543.

④ J. B. Harley and C. W. Phillips, *The Historian's Guide to Ordnance Survey Maps*, London: National Council of Social Service, 1964. 查尔斯·威廉·菲利普斯（Charles William Phillips），英国考古学家，1967年取得英国皇家地理学会维多利亚勋章，以表彰他对英国早期地形和地图的贡献。

书中收录了哈利1962年至1963年发表在《业余历史学家》（*Amateur Historian*）杂志上的3篇文章，肯定了陆地测量局地形测量图的史料价值，同时也指出其中隐藏了许多复杂的陷阱。《指南》不仅提供了地图检索线索，还提供了图与相关历史的联系及可信度，深受欢迎。[①]

在利物浦大学和埃克塞特大学任教期间，对英国陆地测量局的研究成为哈利工作的重心。1975年，哈利的《陆地测量局地图：一本描述性手册》问世，[②]描述了陆地测量局不同比例尺地图的特点、历史，以及背后隐含的政策与测量标准等方面的内容，[③]为想要了解英国陆地测量局地图的人提供了有价值的参考。

1980年，W. A. 西摩（W. A. Seymour）编辑的《英国陆地测量局史》（A *History of the Ordnance Survey*）出版。[④]该书由三十五个简短章节构成，几乎涵盖了陆地测量局自18世纪中叶以来的各个方面：比如测绘技术、研究成果、发展轨迹、科学调查、政治背景、市场竞争等等，哈利作为项目最初发起人之一参与了其中《陆地测量局起源》（The Origins of the Ordnance Survey）、《三角测量的恢复》（The Resumption of the Trigonometrical Survey）、《地形测量的诞生》（The Birth of the Topographical Survey）、《陆地测量局成为地图出版者，

---

① G. W. S. Barrow, "Reviewed Work（s）: The Historian's Guide to Ordnance Survey Maps by J. B. Harley and C.W. Phillips," *The Scottish Historical Review*, vol. 44, no. 137, part 1（April 1965）, p. 85.

② J. B. Harley, *Ordnance Survey Maps: A Descriptive Manual*, Southampton: Ordnance Survey, 1975.

③ C. Board, "Ordnance Survey Maps: A Descriptive Manual by J. B. Harley," *Geography*, vol. 61, no. 2（April 1976）, pp. 115–116; A. H. Dowson, "Ordnance Survey Maps: A Descriptive Manual by J. B. Harley," *The Geographical Journal*, vol. 141, no. 3（November 1975）, pp. 499–500.

④ W. A. Seymour, ed., *A History of the Ordnance Survey*, Folkestone: Dawson, 1980.

1801—1820》(The Ordnance Survey Becomes a Map Publisher, 1801–1820)、“地名”(Place-Names)等部分的撰写。

在关注英国陆地测量局历史的同时，哈利在20世纪60年代末还将研究眼光投向了美洲。他对美洲的兴趣源于18世纪伦敦地图出版商托马斯·杰弗里斯(Thomas Jefferys)和威廉·法登(William Faden)对北美的广泛报道。1978年哈利与B. B. 佩切尼克(B. B. Petchenik)等合作完成了《图绘美国独立战争》(*Mapping the American Revolutionary War*)。[①] 哈利以美国独立战争为出发点，对18世纪末战争期间的地图、绘图技术及其所处的社会历史进行了大胆的探索。他一方面从地图功能的分类、地图使用方式以及它们对决策所造成的影响等不同侧面，讨论地图及其制作者；另一方面他从测绘学知识角度出发理解具有大量地图记录的重大历史事件，在当时是一种崭新的地图史和历史研究视角。[②]

二、《地图新质》与哈利的地图学史哲学基本内容

20世纪80年代以后，哈利在地图学史理论方面展开了较为系统的阐述。保罗·拉克斯顿在编辑哈利论文集《地图新质》时写的《序言》中，将哈利的地图学史研究概括为地图学史哲学(philosophy of

① J. B. Harley, Barbara Bartz Petchenik and Lawrence W. Towner, *Mapping the American Revolutionary War*, Chicago: University of Chicago Press, 1978, pp. 1–110 & 149–167. 芭芭拉·巴茨·佩切尼克(Barbara Bartz Petchenik)，美国地图编辑，毕业于威斯康星大学密尔沃基分校，后转入麦迪逊分校。

② David Hornbeck, “Reviewed Work(s): Mapping the American Revolutionary War by J. B. Harley, Barbara Bartz Petchenik and Lawrence W. Towner,” *Geographical Review*, vol. 69, no. 3(July 1979), pp. 362–363; Ira D. Gruber, “Reviewed Work(s): Mapping the American Revolutionary War by J. B. Harley,” *The American Historical Review*, vol. 84, no. 3(June 1979), pp. 846–847.

cartographic history）和地图的意涵（the meaning of maps），[①] 这是对哈利地图学史研究的了解之同情基础上做出的准确的概括。

在《地图新质》中收入7篇文章，分别是：《早期地图阐释中的文本与语境》（Text and Contexts in the Interpretation of Early Maps，1990，第33—49页）、《地图、知识与权力》（Maps, Knowledge and Power，1988a，第51—81页）、《沉默与秘密：欧洲近代早期地图学中被隐藏的议程》（Silences and Secrecy, the Hidden Agenda of Cartography in Early Modern Europe，1988b，第83—107页）、《十八世纪英国地图集中的权力与合法性》（Power and Legitimation in the English Geographical Atlases of the Eighteenth Century，1997，第109—147页）、《解构地图》（Deconstructing the Map，1989，第149—168页）、《新英格兰地图学与土著美洲人》（New England Cartography and the Native Americans，1994，第169—195页）、《是否存在地图学伦理？》（Can There Be a Cartographic Ethics? 1991，第197—207页）。[②]

这些论文的发表时间先后不一，有些直到哈利去世之后才正式发表出来，但篇目是哈利自己在生前确定的。论文的编排顺序并不是按发表时间的先后，而是大体上以内容的抽象到具体，再到理论的一

---

① Paul Laxton, "Preface," in J. B. Harley, edited by Paul Laxton, *The New Nature of Maps: Essays in the History of Cartography*, Baltimore and London: The Johns Hopkins University Press, 2001, pp. ix–xv. J. H. Andrews 最早将哈利的研究概括为"地图哲学"（the maps philosophy），参见 J. H. Andrews, "Meaning, Knowledge, and Power in the Map Philosophy of J. B. Harley," *Trinity Papers in Geography 6*, Dublin: Trinity College, 1994. 参见《地图新质》的《序言》注释8. p.210.

② J. B. Harley, edited by Paul Laxton, *The New Nature of Maps: Essays in the History of Cartography*, Baltimore and London: The Johns Hopkins University Press, 2001. 后文归纳各单篇内容时不再注明出处。另，Cartography 一词在哈利的论述中所指的范围包括从测量开始的地图生产和地图消费的所有环节，侧重于绘制地图。在中文中"制图"一词所指包括建筑、道路等各种形式的绘图，因此本文在翻译 cartography 时，除了使用"地图学"之外，一般不用"制图"而用"测绘"，以尽量指向"地图生产与消费"。

般化，以此选文组织文集。所选文章论证严密，能够充分体现哈利对地图学史哲学的主要认识，构成了其地图学史哲学的理论体系。由于国内对哈利地图学史哲学的讨论不多，因此将这7篇论文的内容逐篇概括并加以讨论。

（一）《早期地图阐释中的文本与语境》

这篇论文是为大卫·布塞雷特（David Buisseret）主编的《从海图到卫星影像：通过地图解释北美历史》（*From Sea Charts to Satellite Images: Interpreting North American History Through Maps*, University of Chicago Press, 1990）写的《导论》。[①] 该文有着很明显的针对性，主要是向历史学界阐明地图作为一种史料对于历史研究有什么价值，历史研究中应该如何对待地图这种史料。之所以有如此明确的针对性，这是由于当时在史学界地图虽然被看作是史料，但却是一种边缘性的史料，对于历史研究中地图具有什么样的史料价值和运用前景，都尚未得到充分的重视与讨论，流行的主流观点还是"地图是镜子"。

哈利指出，在通常的观念中把地图看作是真实世界某些方面的镜像重现，或者是图像重现。特别是随着测绘技术的发展，地图的角色被看作是关于地理现实的真实表现。这已经是一种价值判断，并被带入到运用古旧地图的历史研究之中。但是地图还有另一方面，它也是"一种社会建构的通过制图媒介表达的世界"，是一种关于过去的独一无二的文献，它与其他文献一样与权力、文化实践等有关。阅读地图的时候，更多地是与景观中不可见的社会世界与意识形态相关联。因此哈利将地图看作是一种文本，是可以解码的图像语言，而不

① J. B. Harley, edited by Paul Laxton, *The New Nature of Maps: Essays in the History of Cartography*, p.33. 收入文集的每篇文章，其标题页都注明了该文章的最初出处，后文不再一一注明。

是自然的镜像。

地图作为一种文本语言，采用符号表现世界，与其他类型的文本一样运用象征、修辞。这些手段并不仅仅用于宣传地图或商业广告地图之中，也同样出现在其他所有标榜为科学真实的测绘地图之中。作为世界的图像，地图并不是价值中立或价值自由，或者彻底的科学的。地图作为一种历史性的文献，它同时也是制图者使用不同的修辞密码的历史。

哈利认为历史学方法的基本规则就是必须在文献置身的语境中展开阐释。由此，地图作为文本，它所处的语境包括三个层次，分别为：制图者语境（the cartographer's context），他者地图群语境（the context of other maps），社会语境（the context of society）。

制图者语境，在于制图作为一种劳动过程，它的作者包括测量员、编辑、绘图员、雕版者、印刷者、上色的人等整个制图体系中的劳动者，因此一种地图可能是不同的文本，具有互文性；另外，整个制图的劳动过程，也不能独立于金融、军事或者政治的约束，因此赞助人对于地图制作过程有重要的影响。

而地图作为文本的他者地图群语境，即它与其他地图的关系：首先，单张地图与它同时代同地区的其他地图相比是什么关系；其次，它与那些由相同制图者制作或地图生产商生产的地图是什么关系；第三，它与同类型的其他地图是什么关系；第四，它与某个时代更宽泛的地图产品之间是什么关系。在他者地图群语境中，既包括等高线、经纬度等测量技术，也包括木刻、铜板等雕刻技艺，还涉及地图上地名的命名等地图注记问题。

地图语境的第三个层次是社会语境。地图是一种社会与文化文献，它不可避免地以历史环境与氛围为框架，与特定时期和特定地域的社会秩序相关联。首先，是地图内部社会秩序规则的认同，它一方面是制图者的规则，另一方面是社会被纳入到地图中的行迹。地图成为一种表达体系（signifying system），由此社会秩序被交流、再生产、被经历、被探究，它不仅再生产了现实的地形，同时也解释了现实的地形。其次，在具体的地图群落中，地图的社会秩序规则有时候是看得见的，不证自明的；但有时这种社会规则隐藏在地图的再现模式之中，需要从图像的修辞风格中将之解码出来。其中要特别注意的是，再现从来不是中立的，科学仍然是一种人文建构的现实。

在文本和语境之外，哈利引入艺术史家欧文·潘诺夫斯基（Erwin Panofsky）的图像分析方法，将地图的内涵分为三个层次：第一层次是地图上的符号、象征、装饰，相当于艺术母题（artistic motifs）；第二层次是对再现的现实的认同；第三层次地图是象征性地层。

最后哈利认为，一旦当我们知道如何阅读地图的时候，地图就成了历史学家研究历史时独一无二的文本。

（二）《地图、知识与权力》

这篇论文是为丹尼斯·科斯格罗夫和斯蒂芬·丹尼尔斯（Stephen Daniels）主编，1988年出版的《景观的图像学》撰写的一章。[①]

在该文中，哈利把地图看作是一种密集文本（“thick” text），在政治权力的语境中探究地图话语，认为地图是社会构建的知识形式，是一种权力—知识（power-knowledge），可以用图像学方法展开阐述。

① Denis Cosgrove and Stephen Daniels, eds, *The Iconography of Landscape: Essays on the Symbolic Representation, Design and Use of Past Environments*, Cambridge: Cambridge University Press, 1988, pp. 277–312.

哈利列出了三个方面的理论资源。首先，他认为地图是语言的一种形式，是从符号中分离出来的图像语言，它不仅是传播这个世界不同观念的互补的图像，而且也是用来证明世界的制图语境与编码等。站在地图是语言的立场上，“制图话语”（cartographic “discourse”）是核心问题。哈利认为采用文学批评（literary criticism）方法有助于解决这个问题。

其次，哈利吸收了潘诺夫斯基的图像学形式（formulation of iconology）理论，认为其对绘画作品的层次解释方法可以用来对应地图的解释。对于地图来说，图像学不仅可以确认其意涵的表面的或文学层面的内容，还可以确认与象征层次相互联系的深层意涵，而且正是在象征层次上政治性权力通过地图得到了最为活跃的再生产、传达与被体验。

第三，是知识社会学（the sociology of knowledge）。哈利所说的知识社会学理论，首先，是米歇尔・福柯（Michel Foucault）的“知识是权力的一种形式，是伪装在无趣的科学之中的自我价值的表现方法”的观点，以及关于权力运作的分析体系。其次，是安东尼・吉登斯（Anthony Giddens）关于根植于时间和空间的社会体系是被国家控制的“权威资源”（authoritative resources）的论述。这种权威资源卷入了对知识和信息的扣留和控制，非常适合用来讨论地图，因为地图是促进空间控制与社会体系地理扩展的发明。

随后，哈利从三个方面将上述理论纳入到地图是权力—知识的具体论述之中：第一，在制图的历史上政治语境是普遍存在的。哈利首先讨论了地图的政治语境（political contexts for maps）。他认为语境可以被定义为地图生产和使用的环境，与语言研究中的“言说情景”（speech situation）相似，是地图生产与消费的物理场景与社会场景的重构，以确定地图制造者与使用者，以及在社会构建的世界中地图的制造与使用活动。这是一种无处不在的权力实践的政治语境，在地理尺度上从全球帝国的建立、民族国家的维持、到个人财产权利的地方声明，具有连续性，并分别从地图与帝国、地图与民族国家、地图与财产权展开了细致的论述。

第二，地图内容是权力建构的实践方式。这在于地图能够生产真实“科学”的世界图像根植于文化方法论中。通过地图内容的故意扭曲（deliberate distortions），或者所谓的“无意识”扭曲（“unconscious” distortions），使地图内容在时间中与权力发生转换。

故意扭曲在于，制图者从来不是独立的艺术家、工匠或是技术专家，他们背后是一系列权力关系。特别是“地图审查”的存在暗示了故意错误再现，以用来误导潜在的地图使用者，特别是那些被当作领土竞争对手的人，并由此以“国家安全”“政治权宜”，或者“商业需要”等理由公开扭曲地图内容。

而地图的“无意识”扭曲在于地图受生产它的社会的价值观念影响而形成，其具体的表现分别为：下意识的几何学（subliminal geometry），指决定了大地关系转换的图符与投影，作为地图的几何学结构，哪怕不存在有意识扭曲的打算，也会放大政治影响；地图沉默（the silence on maps），是指通过地图上的省略来达到社会影响在地图上的表现，这是哈利讨论地图上被隐藏的政治信息的中心概念；再现等级（representation hierarchies），即地图通过符号的视觉等级（visual hierarchy of signs）分类体系和再现模式强化社会等级的符号表现，地图体现权力的空间等级和社会等级。

第三，在象征的层次上制图交流（cartographic communication）通过地图知识强化了社会权力，这可以称之为权力的制图象征主义（the cartographic symbolism of power）。地图的象征意义以绘图为基础，嵌于绘图话语之中；而地图装饰的艺术象征，则嵌于地图话语之中。它表现在地图绘画（maps in painting），绘有各种社会等级的人物肖像，这种绘画扮演的是领土的象征功能。地图装饰的意识形态（the ideological of cartographic decoration）；地图上从标题到边界的广泛的装饰内容组成的艺术表现词汇，都加强或聚焦了地图表现的政治意义。因此地图是象征"事实"（cartographic "fact" as symbol）。

哈利把地图看作是文化象征，提出可以把地图当作一种话语，在理论上可以从文艺批评、艺术史以及社会学等角度展开讨论。通过地图的内容和再现形式，可以知道地图的制造与使用充满了意识形态，它是一种显著的权力话语，即使它成为大众媒介的今天也仍然是如此。

最后哈利指出，地图作为非个性型的知识，它们倾向于再现去社会化的领土，造成社会空白空间的观念，而制图者总是扮演对社会权力布局修辞的角色。因此凡是忽视再现的政治意义的地图学史研究都把自己降低成一种"非历史"的历史。

（三）《沉默与秘密：欧洲近代早期地图学中被隐藏的议程》

该文最初发表于国际地图学史杂志《图像世界》（*Imago Mundi*）上。[①]

关于地图中知识的有意压制与无意压制，哈利提出制图沉默理论（a theory of cartographic silence），包括故意保密和审查政策中的沉默，以及检验那些根植于通常被隐藏的程序或规则中的模糊性的沉默，这是地图学意识形态维度的语境。他展开讨论的理论框架在于，地图学是关于权力获得与维持的政治话语的一种基础形式。

哈利指出地图沉默有着广阔的类型，但是他在这篇论文中不关

① J. B. Harley, "Silences and Secrecy: The Hidden Agenda of Cartography in Early Modern Europe," *Imago Mundi*, vol. 40（1988）, pp. 57–76.

注那些源于地理忽视、缺乏数据、错误、比例尺制约、故意设计，以及其他特殊的技术性制约，而是解决政治沉默（political silence）。他从两个方面展开讨论：一是从哲学，特别是现象学的角度理解沉默。在此，沉默是言说发生的过程中每一个阶段人类经验都会遇到的现象，它同样适用于地图；沉默应该被看作是积极的陈述而不是语言流中的消极裂口。沉默与言说在地图上并不是二选一，而是共同构成了地图语言，必须理解彼此。

二是社会学，特别是福柯权力社会学中知识就是权力的思想。哈利认为社会学有助于地图沉默的历史性理解。地图学作为一种知识话语，它是社会性构建的关于世界的透视，而并不是“中立”（neutral）或“价值自由”（value-free）的世界再现，因此“权力—知识”这一社会学概念适用于地图学史。此外哈利还引入了福柯的绝对知识（episteme）观念。他认为沉默可以被理解为“历史先验”（historical a *priori*），在一个指定的时期内，它是知识经验的总体，就是福柯所称绝对知识，它有助于讨论地图上的无意沉默。

哈利首先讨论了地图的有意沉默，即秘密与审查（secrecy and censorship）。尽管很多古代社会早就将地图看作是特权知识，但是哈利认为从欧洲经验来看，迟到16世纪末期，经数学技术转换之后，地图被看作是国家体系中的智力武器，在实践和象征两个方面被认为是沟通所有权和领土权的视觉语言，此时，地图图像才开始迅速成为被删除、被审查的对象；地图出现有时抽象，有时编造，被个人、群体或机构有意控制的情况，由此造成了地图学中有意沉默的兴盛。哈利从战略性秘密（strategic secrecy）和商业秘密（commercial secrecy）两个方面进行了详细的举例证明。

然后，哈利讨论了认识论或无意识的地图沉默（Epistemological or Unintentional Silences on Maps）。地图上细节类型的缺席与在场的解释，不仅在于秘密或技术，而且还有“历史规则”（“historical rules”），包括社会的、经济的、地理的和语言的领域所造成。

这些“规则”后面是两套话语：一套是地图的科学话语（the scientific discourse）。随着测量科学的发展，国家地图学（state cartography）到16世纪已经成为科学话语或技术话语。这方面，以强调空间统一与连续的欧几里得主义为基础的标准化（standardization），造成了形式统一的沉默。随着认识论动力推动进一步标准化，这种沉默通过地图印刷得到加强。

另一套是地图上的政治与社会话语（the political and social discourse in maps）。政治话语建立在政治现状及其价值的合法性假设之上，它通过地图的言说有意识的或无意识的指向延续、维持、发展开国元勋们开创及其后续者们修正的“现实”与成就。政治话语为不同的重点负责，通过选择和普遍化有利于某些方面，而另一些则被沉默。在近代早期地图上可以找到很多类型的政治沉默和社会沉默。最具代表性的是地名沉默（toponymic silence），取胜的国家通过操纵地方命名将沉默强加于少数的或必须服从的人口，阶层与民族认同被扫出地图，相当于文化灭绝行动。通过近代早期的欧洲地图为例，哈利指出地图表现与社会地位相关，比如农民、无地的劳动者，或者城市贫民在社会等级中没有地位，在制图中也是不被重视的群体，没有在地图上被表现的权利。在殖民地地图上，则用欧洲的风格来表现，呈现的是欧洲化的景观，土著的人和地则被沉默。

对于地图秘密和沉默的论述，哈利有三个结论：第一，知识—权力的观念与作为权力话语的地图学，将之与具体的历史语境相联系的时候，其社会效应无限复杂。第二，当考虑到沉默的重要性时，就可以揭示历史上的审查与保密行动。地图话语中无思想的元素是一种认识论沉默。这些是社会意识形态的结果。第三，地图学的本质是知识的一种形式。它更多地被当作文学文本阅读，更像是一种“受控制的小说”。从修辞学角度阅读地图，是另一条可以用来理解过去的道路。

越考虑秘密、审查与沉默的普遍性，就越要持续地思考地图知识的认识论编码，而越不能相信地图知识是“客观的”和“价值自由的”。地图是极速增长的权力容器的一部分，既要重视它的言说，也要重视其沉默。

（四）《十八世纪英格兰地图集中的权力与合法性》

该文原刊于约翰·A. 沃尔特（John A. Wolter）和罗纳德·E. 格里姆（Ronald E. Grim）主编的《世界图像：穿越历史的地图集》。[①]

哈利讨论社会权力与制图知识交汇的方法，来自社会理论与科学哲学，还借鉴了与书有关的研究，如吕西安·费弗尔（Lucien Febvre）和亨利–让·马丁（Henri–Jean Martin）建立的在社会中“作为社会变迁动力的书”（Book as a Force for Change）的角色；又如 D. F. 麦肯齐（D. F. Mckenzie）的“文本的目录学和社会学”（bibliography and the sociology of texts）。他试图将之扩大到“无书文本”（“nonbook texts”）之中，因为地图有表达意识形态意义和扮演政治控制的潜在工具的功能。哈利认为，虽然研究地图集中地图学的权力关系较为困难，但是地图集作为图像文本（graphic text）更多地构建了它自身的形式与历史意义。

哈利希望检验 18 世纪英格兰生产的地理图集中，特定的社会权力的结构是如何影响知识的生产与再现的模式的。为此他分三步讨论：首先，作为保留在地图集中的地理知识的权力的本质，即地图学

① John A. Wolter and Ronald E. Grim, *Images of the World: The Atlas through History*, New York: McGraw Hill for the Library of Congress, 1997, pp. 161–204.

中外部权力与内置权力。其次，地图集制作的赞助人，以及赞助人与生产地图集的一小群匠人之间的联系。最后，在18世纪的英格兰，地图集中关于地图再现的权力的影响，及地图集是如何被群体意识影响的。

哈利指出在一个被称为理性的时代，地图集的绘制者试图生产领土空间（*territorial* space）的科学地图，但是不可避免地同时也生产了社会空间的图像，而且并不是价值自由的，也不是客观的，而是主观的、带有偏见的、修辞的描绘。正是通过偏见、社会形态，而不是景观的真实再现，地图集在历史中成为一种动力。

地图学中的外部权力与内置权力（external and internal power in cartography）。哈利将自己对外部权力与内置权力的理解归功于约瑟夫·劳斯（Joseph Rouse）的著作《知识与权力》。[①] 外部权力（external power）在地图学史中经常被提到，如为了行政和军事目的绘制地图的君主、内阁成员、国家机构，或者机构化的教堂等，政治活动总是外在地影响地图学的实践与组织。而制图的外部权力则是权力的有意运用。

内置权力（internal power），强调权力与知识不可分隔。它的关键在于制图过程，编辑、制图概括、制图分类、形式等级化、地理数据的标准化等，并不是价值中立的技术活动，而是权力知识的运作。制图者的工作可以被看作是，在创造社会欲望所制造的世界轮廓中，对地方和领地现象做了规训。测绘员和制图者的权力，不直接作用于具体的人，而是作用于人们通常可得的世界的知识。内置权力是地方性的，去中心化的，它遍布于制图工作的所有实践之中，而不仅仅是

---

① Joseph Rouse, *Knowledge and Power: Toward a Political Philosophy of Science*, Ithaca N.Y./London: Cornell University Press, 1988. 中译本由盛晓明等译:《知识与权力——走向科学的政治哲学》, 北京: 北京大学出版社, 2004年。

为政府项目服务，因此它不必然是有意识的存在，它的实践往往是想当然的。

随后，哈利用 18 世纪商业制图的实践作为地图权力—知识解释的例子。指出商业制图的印刷逻辑（“logic of print”）在于抽象、统一、可重复、可视，以及定量，地图制作技术由此形塑世界。通过训练绘图员、雕刻师等一系列新手的劳动分工，标准工具与标准技术的使用，以及通过实用手册，完成安全的标准化的知识生产。

哈利指出，标准化既是印刷地图的“金牛犊”，同时也把秩序植入地理学之中。规则、专业化、技术与惯用符号的排列规则成为规训的工具。制图人员在制造世界的过程中通过这些方式再发明和再描绘了对于社会来说所熟知的世界，从而生产了一个人为简化的世界。

虽然 18 世纪的制图者还很少意识到制图标准化与一般化中的社会秩序与政治秩序，也没有意识到他们的工作是一种社会实践。不过，他们越是接受制图实践，就越是强化并与当时社会形态产生互动。由此，地图集就成为 18 世纪的文化文本与社会关系的可视模式，既有含蓄的或明显的外部权力的投影，也在河流与山脉链的雕刻线所暗示的社会关系中透露了内置权力的地形。

赞助人与地图集制造者（patrons and atlas makers）。哈利认为，在 18 世纪英格兰商业制图的语境中，地图集的赞助人是外部社会权力的代理者，通过制图者与技术标准化之间的转化，进入地图集成为权力—知识的深入人心的模式。哈利在讨论赞助人与制图内外权力的时候，引入了社会阶级的分析方法，通过文献的目录学方法比较了不同时期的地图赞助人社会身份的变动，城市与工业资产阶级取代地主或贵族对地图集的赞助过程，解释了资本主义城市化与工业化对封建地主制度的迭代。

在论述过程中，哈利还引入了书籍研究中“发达印刷社会”的概念，对地图集读者的社会构成与地图集生产的关系展开了讨论，认为社会结构与地图学之间的关系，使得 18 世纪英格兰地理地图集可以被看作是一种社会关系存折（the deposit of a social relationship），在这个社会关系的两侧，一头是赞助人，一头是制图者。18 世纪英格兰地图集中的权力平衡就在这两者之间，其中赞助人这一侧偏重。随后，哈利利用欧洲地图出版商的资料从市场角度讨论了制图的不自由与不独立。

权力再现（representations of power）。哈利将权力再现的讨论集中于社会权力被隐藏的议程，它们被作用于读者的时候通过地理学的象征意涵和文学事实起到一种无意识的动力作用。因此哈利主要关注地图集构建社会态度的方法，以及地图集支持的权力关系的先在地理学（a preexisting geography of power relations）。哈利分别用英格兰和威尔士的郡图集和区域图集，美国独立之前出版的普通地图集，来例证地图的意识形态中的再现和影响的趋势。

郡图（county atlases）。18 世纪的英国，郡—绅联合构成了郡图的基础。郡图与郡之间的关系，更多地是顾客、形式与交易之间的系列事件，郡图出版商与读者之间的互惠关系延展到地图的内容与设计之中。即使在源于原始测量的郡图上，其装饰和一般形式中，也不难发现为赞助人阶级的权力和特权设置的内容。郡图的编辑不仅在于景观是什么，更在于社会中的统治群体相信它是什么。贵族和绅士的信仰与价值构建了观看世界、测量世界、解释世界的方式，地图成为他们统治的影像。因此从郡图上看到的是不同时期精英阶层的纸上世界。

普通地图集：北美的再现（“General” or “Universal” Atlases: Some Representation from North America）。作为整体的世界地图集，其制图权力关系背后的驱动是侵略性的帝国主义，包括沙文主义、爱国主义和偏见。地理学成为英国用来对抗其他国家的优势，地图成为殖民公司和帝国公司实际管理中的重要工具。在殖民语境中，英国社会结构被翻译到了北美殖民地。从地图集中所透露出来的是，不同欧洲国家之间为海外领地展开争斗，而欧洲人和非欧洲人之间的权力关系在生产地图影像的过程中所扮演的各自的角色是很不平等的。在有些地图上，权力被用来发明了一套专门用于美洲的殖民剥削的视觉词汇。比如很多地图画上了河狸、装满烟叶的大桶、糖罐头、鳕鱼、满载皮毛停留于平静港湾的船等等各种有意的无意的标准化的符号与图像，省略与压缩，象征着这是属于欧洲—美洲人和宗主国君主的富饶美洲，而不是印第安人的美洲。

哈利得出结论：社会权力内置于地图学之中，受它自身的工作实践操纵。这种工作与被转换的现实相连，是被创造的新现实。地图集的作者规训并排列了地理信息，用网格线证明系统统治的框架；通过选择、分类、标准化，以及可图示的等级的创造，地图集作者使绘制地理图成为知识更自动化的形式。通过装饰图像、文本化的光影线，社会权力得到再现。到处充满权力，有些是故意的，有些则是无意的，它们之间通过知识和再现的不同形式起作用。

地图主要通过合法性起作用。通过再现领土权力关系，使现状更容易被接受。在社会中，即使是顶层阶级，很多也缺乏关于其他地方的第一手资料，地图由此成为唯一的真实，通过把世界从大地上分离出来，地图获得神秘的权威。而可以确信的是，真实总是社会性构建的。

（五）《解构地图》

该文最初发表在《地图学》第 26 卷第 2 期，被西方地图学界奉为经典。[①]

哈利认为，当时地图学史与“后现代”的学术氛围相比，似乎还处于“前现代”或“现代”，理论的进步非常缓慢，应该进行认识论转向（epistemological shift），以解释地图学的本质。而当时地图学史的共识是，相信地图创造的知识是毫无疑问的“科学的”“客观的”这个前提。哈利认为制图学家可以相信这个前提，但是历史学家不能。哈利还进一步指出，在电脑和历史地理信息系统的帮助下，制图人的科学修辞变得更激进。其中英国地图学会认为存在两种地图学定义：一个是公众的地图学，是艺术、科学与技术结合的地图学；一个是专家地图学，分析和解释地理关系，以及由此造成的事实的科学与技术。哈利认为这是当时语境中地图学的本体论精神分裂症（ontological schizophrenia）。对此，从不同的角度重新思考地图的本质是一件紧迫的工作。

哈利希望通过解构策略来打破当时统治地图思想的介于真实与再现之间的假设联系，因为所谓的“科学的”地图，“不仅是几何学规则和理性”的产品，也是“传统社会秩序的道德和价值”的产品。他希望在所有地图知识中寻找到构建地图学和权力定位的社会动力。

哈利坦承，这篇论文的观点源于对福柯的遍在的权力（the omnipresence of power）和德里达（Jacques Derrida）的文本修辞性（the rhetoricity of all texts）的折中。总结起来，就是地图文本的修辞性表现了遍在的权力。他从地图学的话语、地图的文本性，特别是修辞、权力—知识的形式三个方面展开了阐述。

地图的规则（the rules of cartography）。福柯的基本分析单元是话语，它被定义为“一种知识可能性的体系”。哈利把福柯从话语出

---

① J. B. Harley, “Deconstructing the Map,” *Cartographica*, vol. 26, no. 2（1989）, pp. 1–20.

发的提问转换到地图学上，认为关键问题就成了“什么类型的规则控制着地图学的发展”。哈利把地图学定义为制图者用来构建突出的视觉再现模式的地图的一种理论与实践知识体。地图学规则的特征在于具有历史性，在不同社会中具有多样性。因此在讨论地图规则的时候，要注意两点：一是地图的技术生产，显然处于其时代的制图学论述和作品之中；二是与地图的文化生产有关。这些必须要放到较为宽广的历史语境而不仅仅是科学产品或技术的背景中去理解。

地图规则的第一条是显性的科学认识论（scientific epistemology）。至少从17世纪以来，欧洲的制图者和使用者快速推动了知识和认知的标准化的科学模式。绘图的目标就是为了生产地形的“正确”（correct）关系模式，它假设被绘制的是真实的和客观的，制图者具有独立性，真实性可以被数学表达，系统研究与测量是唯一通向地图学真理的道路，这种真理可以独立地得到证明。这是没有被社会污染的科学地图学，最好的地图是不证自明的真实性的权威影像。

哈利指出，地图的科学规则事实上受其他一系列与价值有关的规则影响，比如种族、政治、宗教、社会阶级等等，它们嵌入在广泛的地图生产社会之中，掌控了地图的文化生产，形成制图话语（cartographic discourse），在地图知识的可能性中扮演的是双倍沉默。社会结构通常伪装在抽象的、仪器的空间之下，或者禁锢在计算机制图的协调之中。因此，社会规则与技术规则互相影响是制图知识的普遍特征，在地图上生产“秩序”和“它践行的等级”（hierarchies of its practices）。

哈利以构建世界地图的“种族中心主义法则”（rule of ethnocentricity）为例，指出采用福柯的知识批判的意义在于，可以看到在地图学中种族中心主义法则并没有与地图制作历史的“科学的”历史步调一致，欧洲科学的文艺复兴赐予现代地图以坐标系（coordinate system）、欧氏几何的比例尺地图，以及精确的测量工具，但是同时也通过诸如墨卡托这样的投影帮助确认了欧洲意识形态中心性的新神话。

他接着讨论“社会秩序的法则”（rules of the social order）如何嵌入到制图转译的细小的编码和空间中的。制图者通常像记录自然与人文景观的地形一样忙于记录封建主义的轮廓、宗教等级的形态，或者是社会阶级的等级的步伐。

测绘法则与社会法则在同一图像中被互相强化。“种族中心主义法则”这种空间等级化并不一定是制图再现的有意识活动，而是一种想当然观念结果。阶级与权力的区别在地图上通过制图符号的含义工程化，具体化，合法化。这个规则看起来是“越有权，越显著”（the more powerful, the more prominent），谁在世上有力，谁在地图上就更加强化。

哈利例证了这些法则既在分类与测量的秩序结构之中又超越它们。地图学超越了国家目标，它的大多数权力作为社会地理的再现是在看起来价值中立的科学背后起作用的，隐藏和否认它的社会维度，以确立合法性。

解构与地图文本（deconstruction and the cartographic text）。哈利特别选用了文本这个词，认为地图是文本，既是图像的，也是文化的。接受了地图的文本性，就能够拥有很多不同解释的可能性。解构所争辩的是重提和重建广阔的运动与结构中的意义、事件与对象。出版的地图也是高端影像，对它的阅读必须超越几何精确性的评价，超越地方固定性，超越地形模式认知和地理学认知。这样的解释是以地图文本可能包含了标准客观性表层下面“未被发现的矛盾和两面性”为前提的。哈利用关于十七、十八世纪欧洲地图上装饰艺术的研究，以及北卡罗来纳州级高速公路地图作为例子，详细讨论了地图的各种文本修辞性问题。

地图与权力运用（maps and the exercise of power）。福柯对德里达尝试将解释限制在纯粹的句法和文本层次进行了批评，认为那样的话世界的政治现实将不复存在。此外，福柯致力于发现“文本自身既反映又雇佣的社会实践”，以“重建其中的技术与物质框架”。哈利吸收了福柯对德里达的批评，在承认解构有助于改变认识论氛围，鼓励地图学的修辞性阅读的基础上，注重地图中的社会与政治维度，以理解地图作为权力—知识的一种形式在社会中的运作，为地图学史的语境依赖形式画了一个闭合的圈。

哈利吸收福柯的思想，将地图学看作是一种话语，植根于地图和地图集图像的一系列知识再现的法则体系之中的话语。他在论述框架上采用了约瑟夫·劳斯《知识与权力》中，以福柯为基础的关于科学的内部权力的理论。

令人最为熟悉的地图学中的权力是外在于地图和制图的那些权力，它们与政治权力的中心相关联。权力存在于地图学之中，因为大多数制图学家背后是赞助人，有大量的例证表明地图文本的制作者是对外部需求的回应。在现代西方社会中，地图对于国家权力的维护至关重要，如边界、贸易、内政、控制人口，以及军事强化等等。由此，地图很快就成为国家生意，它较早就被国家化了。而且国家小心翼翼地看守它的知识：地图普遍地被审查、保密，以及造假。这些可以被看作是福柯所说的“法律权力”的实践（the exercise of “juridical power”），地图成为“法律领土”（juridical territory），它促进了监视与控制。我们想当然地认为，一个没有地图的社会无法想象。这都是拜地图所赐。

地图学家通过创造空间陈列室（a spatial panopticon）将权力置

于地图文本之中，[1]操纵权力。哈利认为讨论地图的权力，就如同讨论词的权力，或者是作为变迁动力的书，在这个意义上权力有政治，因为嵌入或根植于知识之中的是权力。这就是福柯所说的遍在的权力。转换到地图学之中，权力的遍在不是因为它拥有每一样东西，而是因为它来自每一个地方。地图内在权力的关键在于制图过程，即地图编辑的方式、概括的方式、等级化的方式、修辞再现的方式。因此，世界是学科化的，被规训的，我们是其空间模块的囚徒。制图工作形成标准化的世界图像，在实验室里创造自然世界的形式化理解。在地图中，自然被减成了图像形式。制图者的权力不是以个体形式存在，而是以人们可获得的世界的知识形式存在。容易忽视的是，地图既是地方知识也是普遍知识，它是权力的一种沉默主宰。

哈利总结了解构地图的三个作用。首先，允许我们挑战认识论神话；其次，允许我们重新定义地图的历史重要性；第三，为地图学史在文本和知识的跨学科研究中占满位置。

（六）《新英格兰地图学与土著美洲人》

该文最初见于埃默森·W. 贝克和埃德温·A. 邱吉尔主编的《美国的起源：新大陆的探险、文化与制图》。[2]

哈利用巴勒斯坦诗人马哈茂德·达尔维什（Mahmoud Darwish）《地图的遗弃》（*Victims of a Map*）为引，指出巴勒斯坦人民这样的悲剧，在美国历史上是更古老的悲剧，地图是权力破坏土著社会的工具。17世纪新英格兰地图提供了研究领土过程的文本，也就是印第

① a spatial panopticon，一般翻译成全景监狱，因讨论的是地图，依据上下文觉得译作空间陈列室似更好。

② Emerson W. Baker, Edwin A. Churchill, etc. ed., *American Beginnings: Exploration, Culture, and Geography in the Land of Norumbega*, Lincoln: University of Nebraska Press, 1994, pp. 287–313.

安人在土地上被边缘化的进程。这篇论文是哈利充分运用地图沉默理论的专题研究。

哈利通过“被隐藏的地理学”（hidden geographies）、消除地名（eradicating place–names）、区分“荒野”（dividing the “wilderness”），分别讨论了殖民制图者如何将印第安人地图学（地理学）知识故意隐去、地图上抹去印第安人的地名似乎那里没有印第安人，通过地图命名纸上占有土地到实际占有土地。通过对宗主国与殖民者具体绘图过程的细致分析，指出地图是新英格兰殖民历史的双刃剑。这些地图是根植于盎格鲁－美国人（Anglo–American）经验中的影像，他们喜欢这种在从实践到心理都有帮助的地图，认识到地图是创造边界、构建框架、定居规划的工具，对印第安人的摩擦战争中具有战略价值的工具。反过来，这些地图也是殖民过程中，将印第安人从新英格兰领土排除出去的最好证明，这些文献将居民的思考边界与整个殖民代理的完整部分捆绑在一起。排除印第安人领土的地图过程，也是排除印第安人地理学和地图学的过程。

（七）《是否存在地图学伦理？》

该文 1991 年发表于《地图学透视》（*Cartographic Perspectives*）第 10 期。①

哈利从 1991 年 2 月第一次海湾战争结束美军地图使用的统计引出对地图学伦理的思考。他撰写此文也是为了回应发表于《地图学透视》1990 年秋季号上关于“地图学的伦理问题”（Ethical Problems in Cartography）的一组文章。哈利认为在那些讨论中将版权作为主要的伦理问题是放错了地方。

---

① J. B. Harley, “Can there be a cartographic ethics?” *Cartographic Perspectives*, No. 10（summer 1991）, pp. 9–16.

哈利认为，既然将个人“偷盗”版权地图的信息看作偷东西，那么地图遇到的最大的道德困境在于，它所再现的世界的社会责任是从每个人那里偷来的。哈利随之提出了一系列问题：有伦理告知的地图学吗？它的议程是什么？我们如何构建允许我们在特定的地图学环境中进行道德仲裁的规则和法则？我们可以在范围狭小的内部实践中讨论地图学伦理吗？或许寻找专业引领的务实的编码？或者我们应该关心广阔世界范围内的社会公平的中心的超验价值？

对地图学伦理问题，尚属于轮廓性的讨论，在文中哈利仅展现了三个问题的纲要。

第一个问题，是哈利认为的基础性的谬误，即“地图学家知道的最清楚”（cartographers know best）。这是很多年来地图学实践和经验中存在的基础性谬误，因为它在他们的价值中、伦理中是共识。由此提出的问题，混淆了技术实践的正当性与地图制造中社会影响的正当性。哈利认为地图学伦理不在于允不允许这样或那样的技术实践的价值判断，而在于为后者即社会影响的正当性定位。

哈利反对那种将地图上的线条宽度、字体大小、地物颜色等符号注记与装饰，看作是约定俗成的美学问题，他指出这是世界观的表现，充满了潜在的伦理后果，因为审美就如地图的经验内容一样并不是价值中立的，而是意识形态的囚徒。哈利举南非地图上种族隔离作为例证。随后哈利又用马克·蒙莫尼尔（Mark Monmonier）《会说谎的地图》的研究，指出地图设计中的伦理无知会产生误导。

随着地理信息系统和自动制图等机构化技术的发展，伦理问题快速上升。驱动标准化对于允许系统交互与减少技术混乱显得至关重要。美国地质勘探局（U. S. Geological Survey）就发展了一套国家制图数据标准。而这可能造成绘图时地方景观多样性的表达路径将更狭窄，事实上成为只有一种表达具体景观特征的方法，尽管在这种再现形式中社会与环境问题不灵敏。“方法”（Method）由此成为真理的主要标准，它本身成为真理的一种特殊类型，即“制图真实”（cartographic truth）。

第二个问题，我们如何形成用于具体制图环境的道德判断的规则与法则，这个问题有两个基本的方面：其一，与地图学哲学有关。大多数地图学家的基本哲学很可能是“做科学”（doing a science），而这个科学是正确的、精确的、客观的。这是一个关键的伦理问题，最近的技术发展助推了这种实证主义，他们关于地图的看法是科学本质主义（scientific essentialism）的概念。哈利认为，这种传统的哲学基础应该得到批判性地检验。必须讨论本体论和认识论问题，因为这两者使实践伦理（practical ethical）兴起。我们的哲学，即地图性质的理解，不仅是抽象智识分析的一部分，也是地图学家将其价值投影其中的社会关系网络的终极主线。其二，与地图内容有关。这不仅在于地图学家所相信的世界再现，而在于他们强调了什么，他们不说什么，地理特征如何被分类，如何赐予等级，加在一起影响成为一种道德陈述。如果他们接受负有重构被测量员解构的世界的责任的话，地图的内容将使地图学家快速地陷入道德两难。

一个关键的伦理问题是，如果世界形状的道德高程已经被那些占据权力位置的他者画出来，那么危险就在于地图学家的被委任就成为组织机构或商业赞助人的机器手臂。制图员不得不问他们自己，怎么样他们才能重新控制地图德性，地图的作者才能够践行伦理判断。

最后，哈利回到最初的问题，即有伦理告知的地图学吗？它的议程是什么？哈利觉得这个问题很难回答，他自己的答案是“yes”。但是下一步如何并不清楚。地图学家最渴望的可能不是作为实践伦理的理论，而是一系列可以用来理清道德异议或者道德冲突的规则，以解决这些异议与冲突。第一步可能是拥有更多的关于制图伦理问题的文献事实。第二步可能是尝试着解决关于制图真实的根本性的概念争论。第三步应该努力将制图伦理与广阔的社会问题相联系。如社会公平的准则是什么，地图学家必须为它背书吗？地图应该是主流价值观念的内置镜子，还是可以扮演为社会进步而抗争的更广泛的角色？可以有伦理失范，或者我们能滑入适当的相对主义吗？置于其中的制图学价值在不同的社会、代际、社群，或者个体中是多样的。我们任何人都有特权宣传伦理真实，或者我们必须接受可能对于某个社会、文化或者群体是有利的，而对于其他则是有害的地图吗？如果那里没有先验的或者绝对的道德价值，那么哪里会出现判断的规则方法的冲突？

地图学家还没有抓住这三个困难的问题，很多都是在社会政策的水平上解决这些问题。可能有些人会借用“我制造了炸弹，但是没有扔炸弹”，而声称“我只是画地图，我不为如何使用地图或者它做什么承担责任。”但是对于另一些人来说，有着不同的道德情景，接受知识与权力之间的链接，认同人们指出的地图学是政治化的观念。

哈利指出，道德信仰的问题，不仅是社会责任的重要方面，也是真正专业主义的重要方面。他对全球技术运动浪潮在地图制作者与地图使用者之间形成不可逾越的帘幕充满了焦虑，觉得地图学伦理问题非常紧迫。无论如何，伦理作为“引导个体或专业群体的实践规则”，不能从社会正义（social justice）中剥离出去。

纵观哈利在上述7篇论文中的阐述，他的地图学史哲学是认识论的，将传统的“科学的”地图学观念，转向“权力—知识”话语构成的社会图像文本的地图学观念。要特别指出的是，他并没有否定地图学中的科学，而是认为这种科学是“权力—知识”话语构成的社会权力网络的投影，因此在技术浪潮中的地图学需要包含社会正义的地图学伦理。

三、哈利地图学史哲学的思想资源

（一）哈利地图学史哲学内涵

哈利的地图学史哲学主体是认识论的，他自己把它称为认识论转向。他所有讨论的目的，是改变地图学体系内以及一般社会中关于地图的传统认识论，即把地图看作是“科学的”，是现实世界的镜子映射一样的真实再现，是价值中立的，或者价值自由的，这样一种根深蒂固的观念。哈利认为，这种观念本身就是带有价值判断的，且将这种价值判断带入了地图的制作与使用之中，从而引起误导。地图本质上是一种语言，是一种文本，而且是图像文本，它是权力—知识话语构成的充满了修辞的社会文本，投射的是社会权力关系。这种权力—知识文本的形成，是地图学内在的劳动过程体系和外在的赞助人体系造成的，近代科学的实证主义通过标准化，使地图的权力—知识话语不是通过个体表现出来，而是通过人人可以获得的世界的知识表现出来，加深了这种权力—知识体系生产的隐蔽性。

此外，值得注意的是他的地图学史哲学非常重视制图学实践，他反复强调制图实践过程，即制图从测量到印刷的整个劳动过程，对于地图话语的生产，地图文本的形成的作用与影响。

哈利地图学史哲学的思想线索极为清晰，一以贯之，中心简明扼要，但是在具体理论上的讨论更为引人入胜，涉及地图学史研究的很多方面，为地图学史研究提供了具体的可以操作的分析方法。这方面，如对语境三个层次制图者语境、他者地图群语境、社会语境的详细论述；地图的外部权力与内置权力的论述与例证；地图沉默理论的阐述与例证，等，都是地图学史研究中很好的分析工具。

（二）哈利地图学史哲学的思想资源

哈利关于地图学史的理论思考，与20世纪六七十年代西方学术界掀起的后现代社会思潮息息相关。[①] 哈利吸收的相关理论很广泛，他在不同的文章中都有详细的阐述。但是概括起来主要是以下几个方面。

首先是潘诺夫斯基在《视觉艺术的意义》一书中的图像学形式理论的分析方法。[②] 在该书中，潘诺夫斯基将图像学定义为“关心主题或艺术作品意义的艺术史的分支”，依据哈利的概括，潘诺夫斯基将任何图画分为三层意义：第一，原始或本质性的主题构成具体的艺术母题；第二，第二位的习惯性的主题是对作为特定语言事件再现的绘画的认同；第三，意义的象征层常常有意识形态的言外之意。[③] 哈利在此基础上，将地图的内涵分为对应的三个层次：第一层次是地图上的符号、象征、装饰，相当于艺术母题；第二层次是对再现的现实的认同；第三层次地图是象征性地层。

然后是哈利所说的知识社会学理论。其一是福柯以“作为一种知识可能性的体系”的话语为基本分析单元的权力—知识体系。哈利将之称为遍在的权力。而哈利关于权力—知识理论的论述框架，则借助了约瑟夫·劳斯的科学哲学著作《知识与权力》一书中的论述。在知识社会学方面，哈利还吸收了安东尼·吉登斯关于根植于时间和空

---

① 潘晟：《西方地图史研究：收藏兴趣、后现代转向、多样化》，《中国历史地理论丛》2019年第1辑。

② E. Panofsky, *Meaning in the Visual Arts*, New York: McGraw Hill, 1955.

③ 哈利对潘诺夫斯基图像学理论的概括见于其 J. B. Harley, “Meaning and Ambiguity in Tudor Cartography,” in Sarah Tyacke ed., *English Map-Making 1500—1650: Historical Essays*, London: British Museum Publications, 1983, pp. 22–45. 参见 J. B. Harley, *The New Nature of Maps*: *Essays in the History of Cartography*, pp. 46–47，及注释 47、48，p. 231。

间的社会体系是被国家控制的“权威资源”的论述。

而哈利关于地图是文本的论述，源于文学批评理论，以及德里达的文本修辞性的论述。文学批评中的文本、语境的讨论在地图学史之外，可能主要参考了多米尼克·拉卡普拉（Dominick La Capra）《思想史再沉思：文本、语境与语言》一书的讨论。[①] 而德里达的文本修辞性，哈利除了参考德里达的《论语言学》（*Of Grammatology*，该书中文一般译作《论文字学》）外，主要参考了克里斯托弗·诺里斯（Christopher Norris）《解构：理论与实践》《德里达》两书。[②]

另外值得注意的是，从现象学的角度理解沉默，主要来自伯纳德·P. 道恩豪尔（Bernard P. Dauenhauer）《沉默：现象及其本体论意义》，以及马克斯·皮卡德（Max Picard）的《沉默的世界》。[③]

哈利广泛吸收了其身处的“后现代”学术思想，而上述理论是其论述中的主线。

对于哈利的地图学史哲学，虽然在西方学术界也颇有批评，[④] 但可以肯定的是，他对地图学本质的思考取得了三个方面的成就：第

① 参见 J. B. Harley, *The New Nature of Maps: Essays in the History of Cartography*, pp. 37–39, p. 229 注释 7。Dominick La Capra, *Rethinking Intellectual History: Texts, Contexts, Language*, Ithaca: Cornell University Press, 1983.

② 参见 J. B. Harley, *The New Nature of Maps: Essays in the History of Cartography*, p. 152, p. 263 注释 5。各书详情如下：Jacques Derriada, *Of Grammatology*, trans. Gayatri Chakratvorty Spivak, Baltimore: Johns Hopkins University Press, 1976; Christopher Norris, *Deconstruction: Theory and Practice*, London: Methuen, 1982; Christopher Norris, *Derrida*, Cambridge: Harvard University Press, 1987.

③ 参见 J. B. Harley, *The New Nature of Maps: Essays in the History of Cartography*, pp. 85, pp. 242 注释 8。Bernard P. Dauenhauer, *Silence: The Phenomenon and Its Ontological Significance*, Bloomington: Indiana University Press, 1980; Max Picard, *The World of Silence*, trans. Stanley Godman, Chicago: H. Regnery, 1952.

④ John Andrews, “Meaning, Knowledge, and Power in the Map Philosophy of J. B. Harley,” in J. B. Harley, edited by Paul Laxton, *The New Nature of Maps: Essays in the History of Cartography*, pp.1–32.

一，全方位地打开了地图学史研究的各种可能；第二，超越地图学史研究，地图被作为一种历史分析的理论方法打开了历史研究的新道路；第三，他对地图学的哲学思考，特别是伦理学思考，从历史的维度对地图学的当代发展产生了影响。

哈利地图学史哲学的巨大影响，从 2015 年《地图学》第 50 卷第 1 期，以特刊方式刊载 11 篇论文，以纪念哈利《解构地图》一文发表 25 周年可以窥见一斑。而克里斯蒂娜・玛丽・佩托（Christine Marie Petto）在其专著《早期英格兰与法兰西的地图与海图绘制：权力、赞助与生产》的《导论》中认为即使在哈利逝世 20 多年后，所有研究地图、海图和地图集在欧洲历史上的角色的历史学家都必须向他的著作致敬。[①]

纵观当代地图学史研究，基本上还笼罩在哈利的理论阐述框架内。

第二节　大卫・特恩布尔：“理论即地图”

与哈利通过系列论文和大型地图学史研究项目阐释自己的地图学史哲学不同，另一位地图史方面的理论家大卫・特恩布尔（David Turnbull），以一个短篇专著的形式，在 20 世纪 80 年代末直接呈现给学术界，即《地图是疆域：科学是一本地图集——展览中的一个文件夹》（*Maps are Territories: Science is an Atlas: a Portfolio of Exhibits*, Chicago: The University of Chicago Press, 1993，Originally published: Geelong, Vic.: Deakin University, 1989）。该书 1989 年由澳大利亚迪

① Christine Marie Petto, “Introduction,” in *Mapping and Charting in Early Modern England and France: Power, Patronage, and Production*, Lanham, MD: Lexington Books, pp. xi–xxii.

肯大学（Deakin University）出版，1993 年芝加哥大学出版社在美国出版。

1943 年出生的大卫·特恩布尔，是澳大利亚科学技术学（STS）"墨尔本—迪肯学派"的代表人物。1977 年,《科学、技术和社会手册》(*The Handbook of Science, Technology, and Society*，后续版本更名为 *The Handbook of Science and Technology Studies*）在伦敦问世，标志着一个新的跨学科学术领域诞生。自 20 世纪 70 年代成为学科并列和整合的时代以来，STS 逐渐在世界范围内发展扩大。1987 年，特恩布尔与同事大卫·韦德·钱伯斯（David Wade Chambers）、海伦·沃森·韦兰（Helen Watson Verran）共同发展了一种独特的迪肯式 STS（Deakin style of STS），他们开始对"科学、技术和社会"这一学术领域教材中的跨文化内容进行系统回顾和评论，还出版了相关学术著作。该书是迪肯大学 STS 课程的系列教科书《想象自然》（*Imagining Nature*）中的一种。

作为迪肯大学 STS 项目首任主任，钱伯斯在《序言》中指出，该系列著作是为了证明，自然—文化（nature–culture）的大分割是一种幻想或错误想法（illusion），也可以说是西方化影像（the Western imagination）的虚构。为了确定人在自然世界的位置，人就不能把自然当作一个方面，而把文化当作另外一个方面，他认为更好的方式是将自然世界看作是很多不同的文化构建。这就是说在人类经验的立场上自然不是单体而是多阀域的（manifold）。特恩布尔的观念与此相似，他将地图作为知识的隐喻分析的同时，也将其视为各种文化中知识表达的主要手段来分析，采用一个看起来像被设计用来检验可视化技术和视觉分析技术的博物馆或画廊展览的进程，用地图知识的文件夹（a Portfolio）形式，强调基于基本知觉和认知（perception and cognition）理论基础上的理解。

特恩布尔把对地图的认识划为11个展览。

一、展览1——地图和理论（Maps and theories）

特恩布尔在开篇引用的第一句话是迈克尔·波兰尼（Michael Polanyi）在《个人知识：迈向后批判哲学》中讲的："所有理论都可以被看作是一种向空间和时间延伸的地图。"（"all theory may be regarded as a kind of map extended over space and time." *Personal Knowledge: Towards a Post-critical Philosophy*, 1958, p.4）。

他引用的第二句来自托马斯·库恩《科学革命的结构》，比较长："（它的角色中）作为科学理论（scientific theory）的工具（vehicle），[范式（the paradigm）]就是科学家所讲的客体（entities）的功能，就是自然与之相关或不相关的客体行为范式。相关信息提供的是一幅其细节由成熟科学予以阐明的地图。由于自然是如此的复杂而多样，因此探索的时候不能漫无目的，所以地图对于科学观察和实验的持续发展是一项必须的东西。通过具体理论，范式证明了研究活动的构成（本质）。然而同时也构成了科学的其他方面……范式不仅证明科学家带着一幅地图，而且还有着地图绘制所必须的方向。为了了解范式，科学家需要理论、方法，以及准则，通常是一个不可思议的混合。"（*Structure of Scientific Revolutions*, 2nd ed., 1970, p.109）

特恩布尔将这两句话作为第一个展览文件夹的导言，是试图超越。他指出，波兰尼和库恩想当然地认为"理论被地图伴生"（theories with maps）是一个自足的比喻，但是事实上，地图比喻不仅被用来描述科学理论，更普遍的是它通常被用来阐述其他基础的但是没有好定义的术语，比如文化、语言、思想。因此，特恩布尔试图通过展览文件夹从时间、空间和文化角度观察地图，以探索"理论即地图"（theory as map）这个比喻。他指出该部分所选地图有助于使很多关于人类看到的和描绘的自然世界的基础性的问题被提出和被阐明。比如，什么是地图，以及它们的功能是什么？地图和图片之间的区别是什么？地图与景观之间的联系是什么？如何“阅读”地图？

依据瑞士教育心理学家皮亚杰（Jean Piaget）的看法，空间性是人们经验感知和理解的基础（J. Piaget & B. Inhelder, *The Child's conception of space*, 1967,p.6ff），特恩布尔以此追问地图比喻的有说服力与普遍性，指出空间性是人们表达世界的中心因素。他引用了地理学家亚瑟·罗宾逊和芭芭拉·佩切尼克的论述，解释空间在人们对世界的知识排序的过程中扮演了基础性角色：

当我们经历空间，重构它，我们知道它会持续下去。每个东西都在那里，没有哪个特性不被分享，它们总是分享相对位置，这就是空间性；就是把知识等同于空间，即一个智识空间的欲望。这是确保预知性的组织和基础，为绝大多数人所共享。它是一个如此基础的存在，以致被吸收为一种优先存在。[1]

特恩布尔又引用了历史地理学家马尔科姆·刘易斯（Malcolm Lewis）关于语言与空间感知的论述：

与其他高级物种的“此在与现在”（here and now）的语言不同，人类语言开始于捆绑“由语法和比喻控制的逻辑关系网络之内的时间和空间中的事件”[原注：J. K. Crook, The Evolution of Human Consciousness, Clarendon Press, Oxford, 1980, p.148（note 8）.]。维特根斯坦（Wittgenstein）关于“我的语言的界止意味着我的世界的界止”（limits of my language mean the limits of my world）的命题依然有效。有人或许走得更远，说人类语言的起源和空间感知的发展是紧密地相互镶嵌。存在于基础言语中的认知模式必然有强烈的空间构

① 特恩布尔引自 A. H. Robinson and B. B. Petchenik, *The Nature of Maps: Essays Toward Understanding Maps and Mapping*, 1976，p.4.

成。尽管不是所有的信息都有空间性内容或表现，但是很多都有，这有助于提供语言的功能性基础的结构。以下方面得到了讨论，即这些功能有助于促进：

构成路线和位置表述简易顺序的能力……人类发展了给地方、个人、行动以名称（或者其他象征方法）的方法，认知地图和策略为生产和理解这些象征系统的后续内容提供了基础……当通过声音和手势所含的内容具体化的时候，分享网络相似的结果或遗传的结构，可能提供了语言的结构性基础。……在这个意义上，认知地图（cognitive maps）可能在人类智识演进过程中扮演了重要角色。……认知地图提供了复杂表达方式所必须的结构。糅合它们的名称和规划，不仅仅允许象征信息的人际传播，而且允许象征信息的代际传播。（引自 R. Peters, Communication, Cognitive Mapping and Strategy in Wolves and Hominids, in R. L. Hall & H. S. Sharp, *Wolf and Man: Evolution in Parallel*, Academic Press, New York, 1978, pp.95–107）[①]

特恩布尔认为，空间在安排我们的知识和经验时扮演的这种显而易见的基础性角色，事实上给探索地图的性质带来了两类困难。

第一个困难，在于解释地图性质的时候没有办法处理类似地图的图像的困难。这个困难是地图的空间性所固有的，原因是它们如此经常地作为基本比喻被用来解释语言、框架、思想、理论、文化和知识。

第二个困难，当空间性可能实在地奠基于所有文化之中，事实上被当作具体客体的“相对位置”（relative location）有可能不是如此的基础，以及可能构成一种获得体验世界的文化的不同道路。也就是说，在任何文化中，什么东西都被当作自然客体及其空间关系而不是

① 特恩布尔引自 M. Lewis, The Origins of Cartography, 1987, pp.51–52.

世界的不变特征，可能是文化的世界观、知识型、认知模式、本体论等。

与迪肯大学该科学社会研究项目相一致，也与该时期兴起的去西方中心主义思潮一致，特恩布尔指出，那些被灌输了西方世界观的人认为物体拥有固定特征和确定边界，以及因空间坐标（spatial co-ordinates）而拥有一个可知名的位置。这可能是西方思想和文化中地图的向心性，使西方本体论被部分强化了。在这种情况下，一些被探索的以及没有被探索的麻烦事就被捆绑在以下诸如此类的问题上，如“地图与疆域之间的关系是什么？”“什么时候地图不是地图而是图片？”特恩布尔反对这样的纠缠不清的问题。

接着，特恩布尔以豪尔赫·路易斯·博尔赫斯（Jorge Luis Borges）的地图王国（见 item1.2）和贝尔曼（Bellman）的空白海图（见 item1.3）例证了两点：第一，地图是选择性的：它们不，也不可能将环境的任何给定片断在上面表达出来。第二，成为地图就必须至少将景观的某些侧面直接表达出来。并用图像展览例证了地图表现的两种类型：形象表达，就是试图直接绘制地方的某种可见的侧面；象征表达，就是利用纯粹套路化的符号和象征，像字母、数字或者形象图案等。

1987 年 J.B. 哈利和大卫·伍德沃德提出：“地图是促进对人世的事物、概念、情况、过程，或事件的空间理解的图像表达。”（J. B. Harley and David Woodward, eds, *The History of Cartography*, vol.1, 1987, p. xvi）在此定义基础上，特恩布尔对地图研究下了一个工作定义：地图是环境的图像表达，由绘画的（或形象的）和非绘画的要素组成。这样的表达可以包括任何东西，从简单的线到高度复杂而详细的图解。

在这第一个展览的论述中，特恩布尔总结各家观点，阐释了理论就是地图，地图就是理论的观点，并突出地图是文化认识自然的产物，然后为了便于操作，对地图下了一个工作定义，它是环境的图像表达。

二、展览2——地图的惯例性（the conventional nature of maps）

特恩布尔指出，地图总是选择性的，表明绘制地图的人决定什么是，另一面也同样重要的是选择性也意味着什么不是。地图具有贯常性，或者说地图是俗套的，什么出现在地图上不是简单地由环境中有什么决定，而是还要受制于人类生产什么。

他通过比较墨卡托投影（Mercator's projection）和彼得斯投影（Peters projection），指出在相同尺寸的情况下，会发现文化或政治意义上有差异，用磁线方向表达不列颠和欧洲（过去400年中主要的航海和殖民权力）相对于广泛的大多数被殖民地来说并非偶然。

特恩布尔从orientation这个词的语源出发，指出Orient作为“东方”也即太阳升起的方向，它因此通常被置于地图的前方。而北方，作为地球轴向的一个终端，在空间方位中没有优势，要么上，要么下，它在地图的上方是一个历史过程，与全球化的兴起和北欧的经济统治紧密相关。

他进而以霍克·普马（Hawk Puma, or Guaman Poma）所绘非洲地图为例，说明地图方位布置的文化问题。该图大约在西班牙人征服印加（Inca）之后绘制，霍克·普马画这个图是为了图解说明西班牙对秘鲁的错误统治。由于他的手稿是描绘西班牙统治的一部分，所以使用了大量欧洲的习惯，将北方置顶。另一方面他加上了图画元素，比如太阳、船、山脉、城镇建筑，以及绘图中熟悉的海洋生物。它算不得复杂的地形图，看起来还回避了印加的绘图传统以取悦欧洲人。

用现代眼光来看，这幅地图初看起来非常原始，粗糙，图中邻国的位置看起来被放错了，太平洋从西面被放到了南面。特恩布尔指出，如果把地图旋转一下，所有的地理关系就都落到地方了，河流再次开始流向正确的方向。这种旋转带来的惊奇变化比简单的事实错误要来的有意义的多。

特恩布尔认为，霍克·普马的地图总体上遵循了长期存在的印加传统，它解释是历史性的。当印加扩张到智利，一条山路带着他们通向伟大的东方社会；然后南方的智利被印加当作其帝国的东方而存在；北方的哥伦比亚因为同样的理由被当作帝国的西方而存在；更重要的是，这幅地图的中心在印加的首都库斯科（Cuzco），而不是西班牙的殖民首都利马；地图一直延伸到印加帝国在南美的地理边界，而不是西班牙印地的地理边界。

通过霍克·普马地图的故事，特恩布尔认为惯常总是与文化的、政治的，甚至意识形态的兴趣有关。地图，如果它要在西方社会具有权威的话，必须是“非艺术性”的外表。也就是说，地图必须仅仅简捷地表现景观，而不是艺术描述景观或者相应地带着绘图者兴趣的感知。一份有用的地图，它必须提供真实世界的信息，如果这个“真实世界的信息”可靠，它必须被转换成编码，按西方标准表现中立的、客观的、非个人的、没有被格式工具装饰，以及不被个人或群体独断利益所左右。所以在整个标准下，人们频繁使用的地图是如景点或公共机构的导游图那样高度格式化的地图。而霍克·普马的地图可能根本没有被西班牙国王看到，他的绘制从未被阅读。造成这种失败后果的，至少部分是因为印加传统的视觉特征，这在西班牙人读来是不准确的，进而导致地图的可靠性被怀疑。

为了进一步揭示地图的惯例性问题，特恩布尔提出了一个分析工具：生活形式（forms of life）。维特根斯坦（Ludwig Wittgenstein）

认为所有语言、沟通和分享经验必须以“做”为基础，必须以实践行动为基础。史蒂文·夏平（S. Shapin）和西蒙·谢弗（S. Schaffer）将“生活形式”定义为物的存在秩序，不可见的、惯例的和不证自明的“做事情的和组织人们生产的模式”（*Leviathan and the air–pump*, 1985, p.15）。特恩布尔即采用这一定义，他认为一种生活形式可以被看作是一系列传统的语言实践和社会结构，它们是被“给予”的，没有它们将无法交谈，也不会有知识或社会关系。这些被“给予”的东西构成了可能问什么，可能答什么。它们制定了被称为知识的标准。站在结构主义的批判立场上，知识可以被看作是实践的、社会的和语言的技能，物质世界通过语言活动和实践活动带给社会的结果。

特恩布尔引用斯蒂芬·图尔明（Stephen Toulmin）《科学哲学》（*The Philosophy of Science*, 1953,p.129）中所说：“如果我们要说什么的话，我们必须准备遵守规则或习惯，它们掌控这我们说的话……仅仅当我们如此准备的话，我们才有希望说什么是真的，什么是不真的。”以及斯图尔特·霍尔所言“经由通感而不是学习，就能发现事物存在的秩序”（Stuart Hall, 1977, in D. Hebdige, *Subculture: the Meaning of Style*, 1979, p.11）强调地图绘制的文化的惯例性，并用1931年伦敦地铁图，以及美国天文学家卡尔·萨根（Carl Sagan）的银河系地图进行了例证。

三、展览3——地图和图画（Maps and Pictures）

如何区分地图与图片，是地图史中容易纠缠不清的一个问题，特别是在J.B.哈利等人重新定义地图以来，特恩布尔自然也不能回避这个问题。

以意大利梵尔卡莫尼卡（Valcamonica）山谷的史前岩画与土耳其加泰土丘（Çatal Hüyük）的古老壁画为例，特恩布尔讨论了地图与图片的区分问题，也即如何定义地图的问题。他认为，图像的古老与否对于判断它是否是地图并不重要，当认为图像是地图的时候，所包含的意思是画出了具体的景观，看起来有鸟瞰的视点（a bird’s-eye viewpoint），并且有一些象征元素。比如，从例举的岩画上可以读到道路、田地、房子和人。特恩布尔指出，在判断是地图还是图片的时候，绘制它们的人的目的很重要，不过面对早期岩画的时候没有什么线索，就不能这样做。

特恩布尔认为，“什么是图片”（what a picture is）可能是哲学家从未能回答的那些极为简单的问题中一个。他认为，从具体的视角讲，很多图片是具体物体或者景观的一个部分的可概略（假定性）的表达；明显具有图案、宗教、礼制、象征或魔幻功能的图像不能称之为地图。

为了进一步说明什么是图片，什么是地图，他又举出尼普尔（Nippur）和奴孜（Nuzi）泥版画的例证，认为它们代表着一片可识别的景观，因此可以被认定为地图。

特恩布尔对图片和地图的判定做了哲学化的总结：图画大都从特定角度表现特定主题或景观的一部分，而地图尽管是景观表达的一种，但遵从某一透明的转换约定，否认或压制表现特定主题或景观的表达，以求客观。虽然在事实上，地图为了能够传递信息，必须是主体间性的（intersubjective）。

特恩布尔喜欢提出一些反问：什么元素使人认为那些图像是地图，什么元素又使它们具有图片的性质？达·芬奇的图既不是地图也不是图片？它是图解？以西方标准，是什么使恩尼斯基林地图（Enniskillen map）遭到它是否是地图的怀疑？这表明他一方面认为地图与图片之间有着明确的界线，另一方面并不关闭人们对两者边界的思考，且强调注意其中的西方标准问题，也就是判断图像是否是地图与不同文化的标准有关。

四、展览4——把世界带回家（Bringing the world back home）

本部分主要展示与西方现代社会的科学地图形成鲜明对比的“原始”社会地图。特恩布尔引用了马尔科姆·刘易斯（Malcolm Lewis）对美洲印第安人地图的研究成果，认为欧洲地图有基于坐标系的投影几何，有标准化表示（standardised representation），而印第安地图是扭曲了距离、角度和形状的拓扑结构（topologically structured），在特定环境发挥特定功能。特恩布尔对地图的科学性提出质疑，将“非索引陈述”（Non-indexical statements）和“索引陈述”（Indexical statements）应用到地图认识问题上来，指出：“所有的地图在某种程度上都是索引性的，因为没有任何地图、表现或理论可以独立于生活形式。”他通过经纬网（栅格网 grid system）的使用讨论了西方地图是否是“非索引性”的问题，他认为：“栅格网要想发挥作用，就必须有字面上的约定，需要有真正（而非透明）的惯例、谈判和协议……地图的力量不仅在于其准确性或现实统一性，更在于它们包含了一套惯例，使他们能够在一个中心位置结合，从而能够在该中心积累权力和知识。”

五、展览5——澳大利亚原住民地图（Aboriginal Australian maps）

本部分主要展示澳洲土著地图起源，并对土著地图与现代地图进行对比。

首先讨论了澳大利亚的原住民树皮画（Aboriginal bark paintings）是否是地图，以及在何种意义上是地图的问题，实质上讨论了土著空间知识的生产。作者指出原住民在日常生活中留下足迹，形成“已知的景观”（known landscape），并赋予世界以形式和身份。这些被命名的地方构成了特定生命的旅行，获得了它的位置。在分析了原住民的景观社会化过程后，作者指出景观、知识、故事、歌曲、图形表现和社会关系的相互作用形成了一个有凝聚力的知识网络，作为地图，景观和知识是一体的，通过空间连接性（spatial connectivity）构成。他再次讨论了如何判定一幅传统图像是否是地图的问题，认为需要注意图形元素是否遵循了空间原则和对应了景观元素，而阅读地图则要深入到知识网络的肌理——土地本身。

六、展览6——迄今为止的故事（The story so far）

本部分特恩布尔展示了一张英国陆地测量局的现代地形图和两张航拍图像，然后抛出一系列问题，供观读地图的人思考。

七、展览7——地图的功能（The function of maps）

该部分首先以复原的托勒密地图为例，讲述了作为公元2世纪亚历山大的地理学家和天文学家托勒密所绘制的地图，比同时代地图多了斯堪的纳维亚和格陵兰。而因为相信整个世界像一幅地图，他的希腊美学敏感地认识到应该有一个南方大陆的存在才能与北方平衡，从而澳洲在它被“发现”之前就通过地图绘制被发明出来了。这是地图的一种功能，发明世界。

地图功能中占据重要地位的准确性问题，对此，特恩布尔认为不能单独加以评判，因为很多陆地测量局的地图就不一定准确。一方面地图的准确性与功能相关，另一方面地图的索引性（indexicality）不能被简单地等同于实用性（practicality）。

特恩布尔认为对地图准确性功能的理解与生产地图的“生活方

式”有关。比如阅读陆地测量局的地图并不容易。等高线，如果没有训练和三维投影显影设备的话根本没有什么感觉。相应的，没有假设的冗余，测量的公共安排和体系存在的话，等高线也没有意义。海平面概念、水平基准结构、国家测量和例如经纬仪这样的相关设备，所有这些构成了等高线所产生的理所当然的“生活形式”。事实上，国家必须投入大量的资金以维持这种测量体系运转。如果停止的话，制造地图的生活形式很可能会坍塌。因此，一个类似银河系地图和伦敦地铁图那样的文化的陌生人，如果没有适当的训练无法读图。

同样的，原始地图也只能被其创造的人所阅读和理解，因为它们所保留的一些信息是秘密。这些秘密与支持原始文化的知识整体相联。土著所获得的知识，是权力—知识网络所固有的缓慢的礼制过程，本质上这是一个仅仅对那些参加过早期阶段的人开放的过程。

因此，无论是西方地图还是原始地图，要读懂它都需要理解产生它的“生活方式”，这是它的准确性功能的基础。这反映了它们的差异在于不同文化获得卓越索引性的道路不同，以及响应真实性的方法不同。

相比而言，西方知识体系有着向所有人开放的面貌，这样的体系中没有秘密。因此这些地图的对象都被置于我们文化边界之外的受人尊敬的完全协调的体系之中。

地图的另一个功能是生产权威性。西方传统中传播权威性的方法是试图根除地方痕迹，根除视情况而定的特殊性痕迹，根除作为社会和个人产品的痕迹。这实际上是以所谓的陌生的客观性作为权威。而澳洲土著则在相反的方向上，也就是通过强调地方、特定情形、社会、个人来确认他们的知识的权威性。

地图功能是多样性的：它们可以制造政治笑话，它们可以用来教育或娱乐，它们也可以用来撒谎。所有地图都有一个潜在的象征功能，比如现实世界国家视野的合法性和传播。

八、展览8——地图：一种知识的排序方式（Maps：a way of ordering knowledge）

特恩布尔首先对卡尔·波普尔（Karl Popper）所关注的“语言的描述性功能和论证性功能之间的区别”提出质疑，认为波普尔忽略了信息进行空间排序能够提供一种非常强大的推论新知识的模式这一点。他再次强调地图与理论一样，都是“论证性陈述体系”（argumentative systems of statements）。地图是一种认知模式（cognitive schema），而知识本质上是空间的，并且嵌入到实际行动中，因此我们理解世界的能力依赖于我们排序的模式。

在这部分，特恩布尔强调了地图作为一种知识排序模式，是人们理解世界的一种认知模式，地图即认知理论。

九、展览9——地图：一种对我们所处环境的排序方式（Maps：a way of ordering our environment）

特恩布尔认为，地图是对我们所处的物理环境——领地（territory）——进行排序和了解的一种方式。他通过列举一些所谓“不准确”地图的例子，指出认知模式在现代地图发明前的重要性，并且再次强调读图要回到地图及其生产者文化的“生活形式”中。

十、展览10——地图和权力（maps and power）

地图与权力的关系是地图史、地图学史，以及测绘学中的重要论题。特恩布尔在对比了西方地图和原住民地图之后，对于西方地图取得强大的权力强调了两点：首先，是因为西方近代地图形式能够促成联合，使帝国的建立成为可能，诸如地图学等学科和土地所有权的概念可以受到司法程序的制约。其次，相较于原住民人际间口头传播的知识网络，西方社会的网络更具流动性，也就是说传播的广泛性驱动着地图权力的普遍性。

十一、展览 11——地图和理论总结（maps and theories concluded）

特恩布尔提出了这样一个问题：地图对于理解理论的价值是什么？它们是依赖认知模式和实践掌控的惯例、选择性、索引，嵌入的生活形式？

地图可能有着巨大的权力，既能维持帝国的内在探索，也能维持对外部的探索，关于地图和理论的隐喻即以此为基础，它们还享有一个共通的特征，就是知识或者经验之间可能的关联性（connectivity）。

特恩布尔认为，如果将理论当作客观知识的表征的话，将地图等同于理论有些困难。因为在组织缜密的客观知识的意义上地图被看作理论的话，那么仅有小部分地图具备了真正地图的特质。但是如果将科学看作"实践领域"（field of practices）而不是"理论网络"（network of theories），则地图当作实践的表征，它可以被看作是一个与人类意图和活动紧密相连的，具有视情况而定、索引性特征的地方。在这个意义上，地图就是科学的，就等同于理论。

而作为实践领域的科学概念，技艺和不言而喻的知识具有重要性，这些在强调纯粹理论的时候则常常被忽视或质疑。在实践领域的科学概念下，技艺和不言而喻的知识是认识世界的模式，例证了维特根斯坦的生活模式。它们依赖于不能言说的给定，就与你不能解释如何骑自行车一样。

特恩布尔认为，在实践领域的科学概念下，地图是实践事例的分享，此时科学或许能够被当作地图概略来思考。他认为，地图集就是一个实例，人们不得不将世界连接为整体，此时科学就是一种地图集。这并不是因为它的所有理论与逻辑、方法和兼容性有关，事实上科学充斥着矛盾和学科分割，而是因为“关联性”是地图和理论的本质。地图集就成了地图就是理论的例证。地图和理论为创造无论何时何地都是社会策略和政治策略的联系提供了实践机会。最终，地图与理论从创造联系和使意料之外的联系成为可能之中，获得它们的权力和使用价值。

该书通过博物馆展览帧式样的地图史，强调地图在不同文化中的定义，即地图性质与其所属的文化性质一致，以祛除西方地图之魅，给各种文化历程中的地图以位置。该书不仅仅限于去除西方世界观与西方本体论，而是通过它表达人及其文化与自然的统一。选择地图及其历史作为阐述的对象，是作者认为任何科学理论本质上是一种地图，科学的集合是地图集，地图（集）作为一种实践，它既是知识与环境的排列表达方式，也是创造它的社会与政治的表达式。

特恩布尔用地图展览布展的形式组织文本，讨论极为简明。一方面他以原住民地图与西方近代地图的对比，阐明文化实践是判断与理解地图的准确性等功能的基础。他祛除西方中心论与近代客观科学论，但并不是否定精确科学，而是将科学作为一种实践理性，在这一认识下，地图本身就是理论的一种形态，而理论的形式则是一种地图。

这虽然是一本很薄的带有澳洲土著文化特色的小册子，但是书中阐述的观点至今仍然很有启发性，它的目标似乎也不限于地图研究或地图史研究，而有着明显的超越地图研究成为一般社会理论的意图。1993 年美国芝加哥大学出版社引进后，在北美地图学史领域产生持续的影响。

第三节　克里斯蒂安·雅克布："绘与读"的地图史理论

法国学者克里斯蒂安·雅克布（Christian Jacob）在 1992 年出版的专著《君权地图：在历史中探索地图学的理论路径》[1]是关于地图学史研究方法与思想的经典论著，2006 年芝加哥大学出版社为之出版了英文版。依据雅克布在该书《前言》中的介绍，他 1987 年在巴黎社会科学高等研究院（École des Hautes Études en Sciences Sociales in Paris）以《古代希腊的地理学与文化》(Géographie et Culture en Grèce ancienne）为题通过博士学位论文答辩，此时他已经知道 J.B. 哈利和大卫·伍德沃德的世界地图学史项目，看到了他们出版的第一卷。这一年在巴黎召开的国际地图学史会议上他见到了这两位地图史的著名学者，并进行了深入的交流，既表达了对两位学者的敬仰，也阐释了自己撰写新的地图学史论著的思路，得到了两位学者的肯定与支持。雅克布与 J.B. 哈利之间主要是学术思想上的碰撞，而与大卫·伍德沃德则更多地体现在具体问题的讨论上。在雅克布看来，这两位学者对他这本书的出版有重要的学术思想意义。

一、雅克布《君权地图》内容梗概

该书英文版正文包括：

《导论：地图的线条之间》(Introduction: between the Lines of the Map)。

第一章《什么是地图》(What is a Map?)。作者认为：地图被看

---

[1] Christian Jacob, *The Sovereign Map: Theoretical Approaches in Cartography Throughout History*, translated by Tom Conley, Chicago & London: The University of Chicago Press, 2006. 本节以该书为基础，不一一出注。

作是人类及其空间环境的象征性媒介，也是能够沟通的个体与这种媒介之间的象征媒介，以此展开什么是地图的讨论。罗列了历史时期的各种形式的地图：从地上到荷兰黄金时代重要地图集，从原始的岩画地图到意大利宫殿里的壁画地图。他假设地图的有效性源于它的材质，源于观看者的身体与凝视的独特的实用性。（各小节标题：《处处是地图》《作为中介的地图》《地图的原材料》《印刷地图》《地图集：地图之书》《地图咨询的语用学》《初步定义》）

第二章《图像、几何与图形》（Graphics, Geometry, & Figuration）。依据作者的总结，这一章讨论地图的视觉构成。引用1984年佛朗索瓦·达高涅（François Dagognet）《图像哲学》中的论述，着重于“绘图者”的语言中的词汇与语法，把地图看作是一种不能与它的读者相分离的“大地写作”（the writing of the earth）的工具。整个章节沿着地图架构与边缘装饰的图像和线条展开。认为地图结合了几何学、抽象地理绘画（nonfigurative geographical drawings）、图像学（iconology）的外壳，这三个方面始终混杂在一起生产全球意义，而这种全球意义不能被缩减成所指（referential）阅读与地理阅读。雅克布认为，地图作为秩序与失序的一种呈现方式，作为一种修辞方式，之所以能够说服读者相信百科全书式的离题万里的地图，这在于它是地景（figure scenes）、测像（the cartographic gesture）创造的缩影，这种缩影自带视觉规则、结构体系、审美，以及事实意义（virtual meaning）。隐喻与修辞在“测绘话语”（cartographical discourse）中无处不在，这些不能被削减成为测量的定量法则，也不能削减为再现的地形法则。雅克布认为，正如J.B. 哈利所说，必须在地图的线条之中理解地图。（各小节标题：《边界与图示》《框架与马特洛约》《地球的形状与轮廓》《有序 / 无序：图形的最小单位》《“此处有龙”》《可见与理性》）

第三章《地图与文字》（Maps & Writing）。该章节通过对地图注记，即地图标题、地名，以及地图上的传奇故事等，讨论地图上的文字与地图的关系。雅克布认为，地图不仅仅是其他图像的一种，地图表面的文字与语言具有首位重要性。地图的镌刻模式与图像选择，与它的文本性片段的内容一样具有同等的奠基性。文本组织了合法性空间，它持续地干扰了地图的外貌。从标题到地名，从镌刻在具体地点上的闪闪发光的传奇故事到从地图表面谨慎抽取出来的花边图例（marginal legend）——用图符和自然语言相等的形式被整齐地排列在表格中，文字是传递地形和百科知识的一种基础矢量，尤其是在影像与图片符号学还没有完全独立于评论、描述与叙述的地图史的各阶段上。（各小节标题：《地图图名》《图上名称：地名学》《地图及其图例》）

第四章《测绘图像：眼睛与记忆》（the Cartographic Image: the Eye & Memory）。讨论地图影像问题，包括绘制的诗性，测绘阅读的构建性，影像的草图，以及从地图到地理学的阶段性问题。雅各布坚信，意义的效果与地理图相适应除了在于绘图者的意向性与视觉策略（visual artifice）外，更多地是源于读者的旅程（itineraries）与阐释。他承认自己采取了复杂的辩证法，认为地图与地理相连接，这是知识的社会有效性领域，它是投入于测绘权威性的形式，虚构性地图的地位，以及与阅读这些再现的图像时相伴的想象力漫游的总和。作者的目的在于验明与地图相匹配的凝视的语法，揭示它的逻辑步骤，它的自由的或受限制的旅程，眼睛与记忆之间的互动，而互动使得出现在地图上的形式“认知”的逻辑悖论成为可能。（各小节标题：《想象的地图：绘画和凝视的诗学》《作为建构的制图阅读》《想象迁移》《从地图到地理：学徒阶段》）

正文之前的《前言》《致谢》，雅克布总结了该书的主要思路、内容与缘起。正文之后则是《注释》《参考文献》与《索引》，全书共417+20页，大小22幅图片。

二、雅克布地图史理论的核心思想

雅克布研究地图史虽然受到哈利、大卫·伍德沃德等人的影响，也受到后现代思潮的影响，但是他的地图史研究思路别具一格，非常有特点。

什么是地图，地图是如何获得权威性的，是如何让读者感到满意的？也即地图的权力是如何形成的？对于这个当时已经得到充分重视的地图的权力问题，大多数从地图绘制了什么出发，而雅克布则从地图的作者与读者角度给出了不同于哈利等人的答案。

他总结自己的研究有两条线。

第一，从绘图者和读图者的角度出发，这两类人的社会地位、专业地位，技术背景与思想智识背景，是理解地图使用过程中获得权力的切入点。个体和机构通过声明宣称地图具有权威性，而这需要使用地图的人接受，或者强迫使用地图的人接受，地图的权威性才能体现出来。

问题随之而来，要让使用地图的人相信地图具有权威性，也就是让其相信世界就是地图呈现的那个样子，应该置放到地图所在的特定的社会与机构的框架之下去理解。谁作为媒介，能说服别人相信那些地图是真实世界的真实表现，让其相信地图就是这样的。也就是说，谁能证明世界就是地图绘制的那个样子。这就需要在绘图者和读图者之间有一个调制解调的中介人，这个中介可以是个人，也可以是机构。如果一张地图的准确性得不到社会性知识的支持，它是无效的，也是无用的。而如果地图绘制者的权力没有受到挑战，那么尽管地图是错的，它仍然具有权威性。

第二，雅克布将地图看作是媒介，是一种包括文字、几何线条、几何形状、抽象图形、具象图画、尺度、比例等物质支持、符号表现等在内的高度复杂的人工工具。什么是地图，只有读者从图中得到他们想要的信息的时候才会问这样的问题。当地图使用者的读图能力被挑战的时候，符号权力就失去效果，地图也就变得不透明，此时观者凝视地图。比如历史学家观看地图，看到的就是一个不透明的东西，因为地图是根植于它所处的社会视觉文化系统的东西，是一种人为的结构性语言。这种语言的阅读规则是必须在其自身组成成分的互动之中、等级之中去理解地图的一般结构特征中的潜在的细节。雅克布认为，把地图看作是复杂符号系统，暗示了联结再现与表现的参考逻辑的被打破。他认为地图视觉语言的系统方法处于研究地图的中心位置。

雅克布指出，地图不是客体，不是信息或地理内容与价值，而是一种传播的媒介，这暗示了试图编码的价值、意义，以及使用者立场上接受的各种策略。而复杂的传播方式超越了语言的跨度。

地图作为权力的社会工具，这种工具有助于在给定的时间和地方将世界的形象强加于社会，将看起来是真实世界的客观陈述嵌进地图。雅克布将地图看作是动态的过程，而不是静态的物品，它的效果与权力意义建立在生产与接受的交汇处，编码与解码的交汇处。实用主义是研究作为动态过程的地图的一个出发点，以此讨论地图为什么有效，为什么有说服力，而有时却又失去权威性，是什么使得明显由符号建构起来的视觉小说的地图作为一种世界叙述，显得那么真实、那么客观，并与给定社会的精确的地方相关联。

雅克布将地图史看作与文学史、视觉艺术史、科学技术史、教育或宗教史、旅行贸易史，国家行政与国际关系史一样属于广阔的文化史的一种。

总结起来，雅克布从绘与读的角度，将地图看作一种传播媒介，从文学的图像凝视理论切入地图史研究描述了什么是地图，地图获得权力的过程。[①]

第四节 本章小结

上述三位对于地图史和地图学史研究起到重要推动作用的学者，他们对地图史研究理论的阐释有着内在的一致性，都强调了对地图的重新定义，地图与其所处的社会的关系，地图与知识、权力、资本的关系。[②] 这种内在的一致性，显然与他们当时所能吸收的社会思潮养分的一致性有关，即 20 世纪后半期兴起的后现代社会批判理论。这种情况一直延续至今，如 2008 年出版的理查德・塔尔伯特和理查德・恩格尔（Richard J. A. Talbert, and Richard W. Unger）合作编辑的《古代和中世纪的地图学：新视野与新方法》[③] 论文集。该论文集扉页献词是“纪念 John Brian Harley 和 David Woodward”，所收论文讨论的具体对象虽然较广泛，但是理论方法并没有超出 J.B. 哈利地图学

① 读了雅克布的书，回看 2013 年出版的拙作《地图的作者及其阅读》，深感惭愧。虽然也提出了类似的问题，但是思考的深广程度远远不及，论证的思路也限于知识生产本身，缺乏挑战性。如果当时有条件阅读世界各国的研究论著，论证上会更深入一些。今天的学者，应该充分利用互联网，较为全面与准确地把握研究专题的学术发展脉络，以提高论证的深广程度，不至于闭门造车还敝帚自珍。

② 大卫・布塞雷特认为 20 世纪 80 年代以来地图史研究的转向在三个方面有特别的意义：第一，地图的定义更为广义也更为准确；第二，将地图放到其所在的社会和经济框架中的尝试长期持续；第三，学者成功地表明了绘制地图的冲动似乎在人类社会中普遍存在。David Buisseret, Preface, of *The Mapmaker's Quest: Depicting New Worlds in Renaissance Europe*, Oxford: Oxford University Press,2003, p. xi.

③ Richard J. A. Talbert, and Richard W. Unger, ed., *Cartography in Antiquity and the Middle Ages: Fresh Perspectives, New Methods*, Leiden・Boston: Koninkligke Brill NV, 2008.

史理论的范围，诚如扉页所言，是向哈利和大卫·伍德沃德致敬的论文集。[①] 一定程度上，这反映了目前西方地图学史研究的基调。

需要指出的是，后现代社会批判思潮和地图史研究的转向，也与地图学理论的社会科学倾向有关，其中如大名鼎鼎的马克·蒙莫尼尔的《会说谎的地图》(1972)，[②] 丹尼斯·伍德《地图的力量——使过去与未来现形》。[③] 而卡伦·派珀（Karen Piper)《测绘虚构：地图、种族与认同》(*Cartographic Fictions: Maps, Race, and Identity*, 2002)，[④] 亚瑟·杰伊·克林霍夫（Arthur Jay Klinghoffer)《投影的权力：地图如何映射全球政治与历史》(*The Power of Projections: How*

① 该论文集所收录论文如下：Richard Talbert,Greek and Roman Mapping: Twenty-First Century Perspectives, pp.9–28; Patrick Cautier Dalche, L' Heritage Antique de la Cartographie Medievale: Les Problemes et les Acquis, pp.29–66; Jennifer Trimble, Process and Transformation on the Severan Marble Plan of Rome, pp.67–98; Tom Elliott, Constructing a Digital Edition for the Peutinger Map, pp.99–110;Emily Albu, Rethinking the Peutinger Map, pp.111–120; Yossef Rapoport and Emilie Savage-Smith, The Book of Curiosities and a Unique Map of the World, 121–138; Maja Kominko, New Perspectives on Paradise-The Levels of Reality in Byzantine and Latin Medieval Maps, pp.139–154; Benjamin Z. Kedar, Rashi's Map of the Land of Canaan, ca. 1100, and Its Cartographic Background, pp.155–168; Natalia Lozovsky, Maps and Panegyrics: Roman Geo-Ethnographical Rhetoric in Late Antiquity and the Middle Ages, pp.169–188; Lucy E.G.Donkin, "Usque ad Ultimum Terrae" : Mapping the Ends of the Earth in Two Medieval Floor Mosaics, pp.189–218; Evelyn Edson, Maps in Context: Isidore, Orosius, and the Medieval Image of the World, pp.219–236; Raymond Clemens, Medieval Maps in a Renaissance Context: Gregorio Dati and the Teaching of Geography in Fifteenth-Century Florence, pp.237–256; Camille Serchuk, Cartes et Chroniques: Mapping and History in Late Medieval France, pp.257–276.

② 马克·蒙莫尼尔:《会说谎的地图》，黄义军译，北京：商务印书馆，2012年。该书英文名 *How to Lie with Maps*,1972年芝加哥大学出版社出版，1996、1999年分别再版，中译本从1996年版译出。

③ 丹尼斯·伍德:《地图的力量——使过去与未来现形》，王志弘译，北京：中国社会科学出版社，2000年。该书虽然带有通俗性质，但影响很大。

④ Karen Piper, *Cartographic Fictions: Maps, Race, and Identity*, New Brunswick, New Jersey, and London: Rutgers University Press, 2002.

Maps Reflect Global Politics and History, 2006），[①] 是近年来从社会理论出发讨论地图学的佳作。

① Arthur Jay Klinghoffer, *The Power of Projections: How Maps Reflect Global Politics and History*, Westport: Praeger Publishers, 2006. 作者 Arthur Jay Klinghoffer（1941— ）是罗格斯大学（Rutgers University, in Camden, New Jersey）的政治学教授，关注的主题广泛，包括人权、种族灭绝、苏联社会主义、南非种族隔离（South African apartheid），以及石油与金元政治。

第三章　地图史研究转向后的传统研究

学术研究思潮或范式的变化，既激发随后的学者们在其思潮或范式的指引下，从各自的立场开拓新的研究领地，也会激发充满雄心的学者通过汲取不同的思想资源开创新的理论与范式。但是另一方面，学术思潮与范式的变向乃至转折，并不会完全覆盖此前的一切，原先的思想与专题往往老树长青。下面就目力所及，将 20 世纪八九十年代地图学史理论转向之后的相关研究分类介绍。

第一节　地图学家及其地图学论题的深化

一、地图学家及其地图学

对地图学家及其地图学的关注，是西方地图学史研究中一个长盛不衰的题目。罗伯特·卡洛（Robert W. Karrow）在 1993 年出版了《16 世纪的制图者及其地图：1570 年亚伯拉罕·奥特留斯与他的地图学家集合传记》。[①] 这是关于 16 世纪荷兰地图学家与地理学家亚伯拉罕·奥特留斯（1527.4.14—1598.6.28）及其同时代地图制图者的集合

① Robert W. Karrow, Jr., *Mapmakers of the Sixteenth Century and Their Maps, Bio-bibliographies of the Cartographers of Abraham Ortelius, 1570*, based on Leo Bagrow's A. Ortelii Catalogus Cartographorum, Chicago: Speculum Orbis Press, 1993.

传记。[1]

奥斯曼帝国（Ottoman Empire）航海家皮里・雷斯（Piri Reis）及其彩绘地图的研究也是地图学史中的一个重要专题。土耳其学者米内・埃西内尔・奥曾（Mine Esiner Ozen）撰写的《皮里・雷斯及其海图》（*PirÎ Reis and His Charts*）由内斯腾・雷夫奥卢（Nestern Refioglu）翻译成英文在1998年出版。[2] 这是值得重视的一本薄薄的小册子，前半部分是关于皮里・雷斯生平及海图的详细研究报告，包括目前其海图存世情况的清单，后半部分附上了伊斯坦布尔藏的44幅彩图，全书一共71页。而2000年出版的格雷戈里・麦金托什（Gregory C. McIntosh）《1513年的皮里・雷斯地图》（*The Piri Reis Map of 1513*）可能是目前最新也是最全面的关于皮里・雷斯地图的专题研究，[3] 但是该书只有部分图解，而没有提供完整的图版，因此研究皮里・雷斯的话，米内・埃西内尔・奥曾的书仍是较好的选择。

全球性论题之外，国别性的地图学家及其时代也是经久不衰的题目。法国学者纪尧姆・莫桑容（Guillaume Monsaingeon）2007年出版的《沃邦之旅》（*Les Voyages De Vauban*），[4] 是测绘学家人物传记与测绘学史水乳交融的一本重要著作。该书传主是法国著名军事工程师塞巴斯蒂安・勒普雷斯特・沃邦（Sebastien le Prestre de Vauban,

① 亚伯拉罕・奥特留斯，尼德兰（Netherlandish）地图学家、地理学家，被认为是第一部现代地图集《世界舞台》（*the Theatrum Orbis Terrarum*）的作者，他是尼德兰测绘学院（Netherlandish School in Cartography，它的黄金时期是16—17世纪）的创始人之一，他同时也被认为是第一个提出现在的大陆在漂移之前是一个整体的人。关于亚伯拉罕・奥特留斯的介绍依据维基百科词条。

② Mine Esiner Ozen《皮 里 雷 斯 及 其 海 图》（*Piri Reis and His Charts*）with Nestern Refioglu, translated, & ed.,*Piri Reis and His Charts*, Istanbul, N. Refioglu Publications, 1998.

③ Gregory C. McIntosh, *The Piri Reis Map of 1513*, Athens: University of Geogria Press,2000.

④ Guillaume Monsaingeon, *Les Voyages De Vauban*, Éditions Parenthèses, 2007.

1633—1707）的生平与测量成就，该书尤其注重测绘技术、工具的讨论，对于17世纪中后期地图测绘技术的发展做了深入研究。

二、加埃塔诺·费罗《热那亚地图学传统与克里斯托弗·哥伦布》

在地图学史传统论题中，哥伦布是一个非常重要的话题。加埃塔诺·费罗（Gaetano Ferro）《热那亚地图学传统与克里斯托弗·哥伦布》(*The Genoese Cartographic Tradition and Christopher Columbus*. 意大利语书名：*La Tradizione cartografica genvese e Cristoforo Colombo*, 1992年出版)，[①]对哥伦布之前的热那亚地图学史做了精致的梳理，对理解西方近代大航海时代得以产生的地图学背景大有裨益。

该书初版于1992年的意大利，是《新哥伦布系列丛书》(*Nuova Raccolta Colombiana*）第12种。1996年经美国俄亥俄州立大学（The Ohio State University）的汉恩·赫克（Hann Heck）和卢西亚诺·F.法里纳（Luciano F. Farina）译为英文。此处所据为1997年英文版。

---

① Gaetano Ferro, Translated into English by Hann Heck and Lucian F. Farina, *The Genoese Cartographic Tradition and Christopher Columbus*, Roma : Istituto poligrafico e Zecca dello Stato, Libreria dello Stato, 1997, c1996. 加埃塔诺·费罗(Gaetano Ferro)，意大利地理学家，生于1925年，卒于2003年。1958年任讲师，1960年获热那亚大学文学院地理学教席。后又于的里雅斯特大学(Università degli Studi di Trieste)和米兰路易吉·博科尼大学(Università Commerciale Luigi Bocconi)任经济地理学和历史地理学教授。1987—1997年任意大利地理学会会长(Società Geografica Italiana)。1997年获里斯本大学荣誉博士(Doutor Honoris Causa)。此外，他还是意大利猞猁之眼国家科学院正式成员(Accademia Nazionale dei Lincei)。加埃塔诺的研究主要集中在五个领域，分别是：葡萄牙研究、热那亚和利古里亚研究、政治和历史地理、从地理角度研究哥伦布、人文地理学。加埃塔诺·费罗出版有30余本著作，与哥伦布有关的就有：*Le navigazioni lusitane nell'Atlantico e Cristoforo Colombo in Portogallo*, Ugo Mursia Editore, 1984. *Liguria and Genoa at the Time of Columbus*, Brécourt Academic, 1992. *Columbian Iconography*,Istituto Poligrafico e Zecca, 1996.

英文版用纸考究，装帧精美，与正文辉映。

全书《前言》之外有 5 章。加埃塔诺・费罗认为有必要利用 50 多年来的研究积累，在 1937 年保罗・雷韦利（Paolo Revelli）《哥伦布与热那亚测绘学校》（*Christopher Columbus and the Genoese School of Cartography*，意文原名：*Cristoforo Colombo e la scuolacartografica genovese*）基础上继续发掘该课题。为了致敬前者，他采用了与保罗・雷韦利相似的书名。他希望通过该书实现 3 个目标：第一，讨论利古里亚地图学传统存在的证据，以及制图活动的文化动机、实践目标和最终产品，以及它们的特点；第二，将哥伦布在其家乡接受的制图培训置于这一地图学传统中；第三，阐明哥伦布作为新世界发现者所具备的地图学知识。

第一章《前哥伦布时代的地球描绘与理论》。加埃塔诺・费罗从历史地图学的定义切入，讨论地图学与地理学的关系、研究地图文献的方法等问题。首先，他指出：历史地图学涉及描绘地球表面方法的演变，复杂的宇宙观和地理观，人类直接经验和间接经验的表现，同时地图学的历史也是测量方法与表现技术的历史。其次，他认为地图学描绘了地理学研究的事实，它有助于理解地理学。第三，对于研究地图文献的方法论问题，加埃塔诺认为要考虑地图所要表达的文化以及构建地图的方法，还需要考虑地图所要达到的目的和目标。随后他以公元前 5 世纪毕达哥拉斯学派（Pythagorean school）到中世纪的地理思想与地图表达的演变为例证。最后，从航海与制图出发，加埃塔诺讨论了（波特兰）海图（nautical charts, portolans），以及由此延伸出的地中海世界和整个已知世界的地图表达的演变历史，总结了中世纪航海图作为地中海舰队航海的实际经验和知识的产物所具有的独特性，它在地图学史上的重要贡献。

第二章《从 13 世纪到哥伦布时代地中海和热那亚的海洋文化与

航海地图学》。该章首先介绍了中世纪航海图与航海技术的发展，主要讨论了罗盘的使用历史与它的航海贡献，以及磁偏角的发现对航海的影响。加埃塔诺·费罗认为中世纪的海图在绘制时没有考虑投影或球形地球的理论，也没有考虑磁偏角。但到了 15 世纪，情况发生了改变，而哥伦布的航行正好处于这一微妙的过渡阶段。哥伦布搬到萨沃纳（Savona）之前，热那亚是中世纪航海技术和航海文化的中心，虽然热那亚处于一种商业文化（mercantile culture）占主导的文化离散（diaspora）状态，但是包括地图学在内的应用科学在这座城市得到了蓬勃发展，通过列举 14、15 世纪最具代表性的热那亚的地图，以及受到热那亚原型影响的地图作品，证明了这一点。

第三章《制图师：克里斯托弗·哥伦布和巴尔托洛梅奥·哥伦布》。本章围绕哥伦布兄弟的制图师经历展开，从地图学的角度讨论了他们对地球形状和大小的概念认知。哥伦布不仅是航海家，与他的兄弟巴尔托洛梅奥一样，还是一名制图艺术家。他和巴尔托洛梅奥的知识在利古里亚和地中海文化中形成，在伊比利亚成熟，并例举了当时不少可能为哥伦布兄弟所绘制的地图。最后，重点讨论了哥伦布的地图学观念。加埃塔诺·费罗引用了卢扎纳·卡拉奇（Luzzana Caraci）的观点，认为哥伦布的宇宙观和地理观（以及他所有的学问）一定是随着时间的推移而得到丰富、修改和发展的，“是四次航行经验积累的结果”。但加埃塔诺·费罗也指出，这并不意味着哥伦布的观点在他生命的最后十年中是进步的。

第四章《利古里亚地图学中的地理大发现》。通过对 16 世纪欧洲地图学发展的概述，作者认为总体上 16 世纪制图师和地图产品数量都大大增加，而西班牙和葡萄牙地图学的发展可以看出其在海洋利益上的主导地位。由于制图涉及“国际机密”，制图师受到各国重视，制图师的流动性在各国之间增加，也就使得地理大发现的成果在地图中体现出来，尼科洛·德卡韦里奥（Nicolò de Caverio）、达马约洛（Da Maiolo）家族、巴蒂斯塔·阿涅塞（Battista Agnese）等人的地图作品就是很好的例证。

第五章《讨论》。在过去150多年来对航海地图学研究的基础上，通过对与热那亚相关的地图学人物和作品的详细回顾，从地理观念和地理知识的角度讨论了哥伦布相关的制图学问题。

在该书中，加埃塔诺·费罗通过系统回顾哥伦布以前的地图学史，从热那亚地图学传统切入，探索哥伦布成名前的成长和学习背景对航海地图学和地图学史发展的影响，将不为人熟知的热那亚的地图学对世界地图学史发展的贡献揭示了出来，让我们能够感受到哥伦布得以开启大航海时代的地图学背景，是一部值得重视的著作。

综上，对个别地图学史重要人物的研究，既着重于该人物生平与地图学成就，同时又将之放到其所处时代的地图学发展背景之中，在不断补充地图学史人物研究的同时，也推动了将地图学史人物置于其时代背景中理解其成就与时代之间的互动关系的研究的发展。

第二节　具体地图研究

重要地图或地图集的研究是地图史研究最基础的部分，其范围十分宽广，在此仅举数例作为例证。

一、保罗·哈维《中世纪地图》

在1987年哈利和大卫·伍德沃德主编的《地图学史》第一卷

出版后，保罗・哈维（Paul. D. A. Harvey）[1]出版了《中世纪地图》（*Medieval Maps*, Toronto and Buffalo: University of Toronto Press,1991）。保罗・哈维的这本书并不厚，加上索引也就 100 页左右，浅显易懂。全书包括导论在内共 6 章，以欧洲中世纪地图为主，时间上横跨约 9 个世纪，书中附有大量插图，其中包含 40 余幅彩图，对非专业读者来说可以满足其业余兴趣。

第一章《导论》。保罗・哈维梳理了欧洲中世纪的"地图"概念。他指出中世纪人们与我们今天对地图的认知相去甚远，在他们的观念里，地图意思是图解（diagrams）或图片（pictures）。中世纪所绘的地图类似于为某一特定场合绘制的速写（sketch），其内容和呈现方式严格取决于它所要服务的目的。哈维认为这一时期的人们还未曾想到要使用地图和要以绘制地图的方式看待景观或世界，他们更习惯于书面描述，比如用文字记录土地和行程。关于中世纪地图的起源是神秘的，哈维认为可能受到了罗马、伊斯兰世界以及中国的影响。他所梳理出来的欧洲中世纪的"地图"概念，与人们观念中对该时期"地图"的认识很不一样。

第二章《1400 年以前的世界地图》。在该章中，保罗・哈维将精

① 保罗・哈维（Paul. D. A. Harvey），生于 1930 年，英国杜伦大学（University of Durham）中世纪历史荣休教授（Professor Emeritus），2003 年当选英国国家学术院院士（The British Academy），主要研究兴趣为中世纪英格兰社会经济史、地图学史、档案和记录保存。哈维的职业生涯主要分为两个阶段，一是史料管理员，二是大学中世纪史教授。1954—1956 年任职于沃里克郡档案局；1957—1966 年任大英博物馆手稿部助理馆员（Assistant Keeper）；1966—1978 年任南安普顿大学中世纪社会经济史讲师、高级讲师；1978—1985 年任杜伦大学中世纪史教授。哈利和大卫・伍德沃德合作编辑的《地图学史》欧洲中世纪部分的导言就出自他的手笔。其地图学史专著还有：*The History of Topographical Maps: Symbols, Pictures and Surveys*, Thames and Hudson, 1980. *Maps in Tudor England*, Chicago and London: University of Chicago Press, 1994. *Mappa Mundi: The Hereford World Map*（*British Library Studies in Medieval Culture*）, Chicago and London: University of Toronto Press, 1996. *Medieval Maps of the Holy Land*, London: British Library, 2012. 等。

力集中于15世纪前的世界地图，因为他认为只有在世界地图中，我们才能清楚地看到连接罗马和中世纪地图的连续传统。哈维将中世纪的地图视为图解，它的相关空间位置上充斥着各种信息，地理信息只是其中一种。15世纪前几乎所有的世界地图都可以用两种基本图式表现出来：一是T–O地图或者称为三分地图（tripartite map）；二是四分地图（quadripartite map）——前者的变体。15世纪以后，地理信息成为主导世界地图的因素，逐渐演变为现代所熟悉的世界地图。保罗·哈维追溯了源起于10世纪或11世纪的盎格鲁–撒克逊或科顿地图（Anglo–Saxon or Cotton map，科顿地图以科顿图书馆创建人的名字命名，其与中世纪地图的关系尚未被充分研究）。随后介绍了12—14世纪时的长期被视为相互关联的群组的地图，包括《赞美诗地图》（Psalter map）、《埃布斯托夫地图》（Ebstorf map）、《赫里福德地图》（Hereford map）等，并着重对比了后两者的区别。

第三章《1400年前的波特兰海图》。保罗·哈维认为波特兰海图对中世纪后期世界地图的发展起到了至关重要的作用。14世纪时，海图出现了较为明显的变化。一是微型罗经刻度盘（miniature compass rose）出现在1375年及此后15世纪的波特兰地图集上；二是1325年以后海图上地名的增减，保罗·哈维认为这一现象可能反映了地中海定居模式和商业模式的变化。此外，该章还讨论了波特兰海图制作地点的争议，以及热那亚海图制图者彼得罗·韦康特（Pietro Vesconte）的成就。

第四章《15世纪》。主要讨论了15世纪影响世界地图和波特兰海图发展的三个因素：一是托勒密《地理学指南》译为拉丁文后的影响；二是哲学界对理论地理学、地理坐标的计算，及其在地图绘制中的应用的增长；三是沿非洲海岸最后贯通新旧世界的探索航行。

第五章《区域地图》。首先介绍了马修·帕里斯（Matthew Paris）

的英国地图、约翰·哈丁（John Harding）的苏格兰地图、英国的《高夫地图》（*Gough Map*）等与英国相关的地图。其次以佛罗伦萨人克里斯托福罗·布翁东莫蒂（Cristoforo Buondelmonti）的著作为例介绍了源自波特兰海图的被称为“岛屿之书”（books of islands）的区域地图。还介绍了最有可能直接源自古典区域地图的中世纪地图——圣地巴勒斯坦的地图，重点讨论了彼得罗·韦康特在1320年绘制的地图。最后介绍了既没有从世界地图或波特兰海图中获得灵感，也没有从其沿海轮廓中得到启发的在意大利北部形成的独特区域制图传统，以及与此类似的埃哈德·埃茨劳布（Erhard Etzlaub）的德国地图。

第六章《地方地图》。该章首先介绍了中世纪耶路撒冷地图，作者指出大多数耶路撒冷地图都是示意性质而非现实性质的，而这些中世纪的图画地图是后来大比例尺地图（large-scale maps）和鸟瞰图（bird's-eye views）的祖先。哈维以中世纪意大利城市规划图为例，介绍了一幅绘制于12世纪的威尼斯平面图，并概述了整个欧洲国家地方地图的整体分布情况。哈维指出中世纪的欧洲地方平面图非常罕见，而且在大部分地区根本就不存在。

该书从形式看，似属展览类型，但是它的结构安排很具有创新意识，这一点也得到了相关评论的认可，这种方式可以看作是英国地图史研究一贯重视世界视野或全球史的历史性视野的类型，当然包含了强烈的欧洲中心主义在内，这是时代的局限。该书虽然名为《中世纪地图》，实际上主要讨论欧洲地图，对中世纪欧洲以外的地图较少提及。此外该书图版所刊地图有错讹，毛拉·拉弗蒂（Maura Lafferty）在其书评中做了纠谬。[Maura Lafferty, “P.D.A. Harvey. Medieval Maps（Reviews）”, *The Journal of Medieval Latin*, Vol.5, 1995.]

二、其他重要地图研究

断代或通论之外，一些著名古地图一直是地图史研究的重要对象。如波伊廷格地图（*Peutinger Map, Tabula Peutingeriana*）是文艺复兴时期对古罗马地图的复制地图，是西方地图史领域重要的研究论题。该图是出生在德国阿古斯堡的克诺拉德·波伊廷格（Konrad Peutinger，1465—1547），1508 年从他去世的朋友克诺拉德·比克尔（Konrad Bickel or Celtes，1459—1508）那里继承而来。克诺拉德·比克尔是奥地利皇帝马克西米利安（emperor Maximilian of Austria）的图书馆员，他声称 1494 年在图书馆中找到了该地图。克诺拉德·波伊廷格认为这幅老地图是中世纪时期复制的一幅古罗马地图，它此后被称作 *Peutinger Map*（*Tabula Peutingeriana*）。2010 年出版的理查德·塔尔伯特《罗马的世界：波伊廷格地图的重新审视》（*Rome's World: the Peutinger Map Reconsidered*, 2010），[1] 是目前对该地图最为详尽的研究，列有详细的出版与收藏目录。

平面图或规划图的研究是西方地图史研究的一个重要专题。如詹姆斯·艾利奥特《地图上的城市：到 1900 年为止的城市地图绘制》（James Elliot, *The City in Maps: Urban Mapping to 1900,* London: The British Library Board, 1987）是从平面地图或规划地图出发讨论城市的专著。而 R. A. 斯凯尔顿与 P. D. A. 哈维编辑的《中世纪英格兰的地方地图与规划》（R. A. Skelton and P. D. A. Harvey, ed., *Local Maps and Plans from Medieval England*, Oxford University Press, 1986）则是英国中世纪地方规划图与地方发展的论文集。

历史地图集是地图史专题研究的重要对象。如 1995 年约翰·威

---

① Richard J. A. Talbert, *Rome's World: the Peutinger Map Reconsidered*, New York: Cambridge University Press, 2010.

纳尔斯（John Winearls）编辑出版了《早期历史地图集的编纂》（*Editing Early and Historical Atlas*），该书是1993年11月5—6日在多伦多大学召开的第29届编辑年会上的会议论文集，收录了7篇关于早期地图集编撰，尤其是历史地图集编撰的专题论文集。①

在具体地图研究中也出现了新的动向，如伊夫琳·安德森（Evelyn Edson）《1300—1492年间的世界地图：传统的持续与转换》（*The World Map, 1300–1492: The Persistence of Tradition and Transformation*, 2007），②对欧洲地图的复兴，葡萄牙航海与地图学，地图传播等有非常好的实证研究，同时也试图从地图学史角度反映社会历史的变迁。

第三节　测绘技术史与区域测绘史

一、测绘技术史的继续发展

测绘技术史是地图史学的基础论题，自然得到了长期的关注。2009年出版的J. H. 安德鲁斯《过去的地图：1850年之前的测绘方

---

① John Winearls, ed., *Editing early and historical atlas*, Toronto: University of Toronto Press, 1995。各篇论文如下：1. James R. Akerman, From books with maps to books as maps: the editor in the creation of the Atlas Idea, 3–48; 2. Walter A. Goffart, Breaking the ortelian pattern: historical atlases with a new program, 1747–1830, 49–82; 3. Mary Sponberg Pedley, 'Commode, complet, uniforme, et suivi' : problems in atlas editing in Enlightenment France, 83–108;4. Anne Godlewska, Jomard: the geographic imagination and the first Great Facsimile Atlases, 109–136; 5. William G. Dean, Atlas structures and their influence on editorial decisions: two recent case histories, 137–162; 6. R. Cole Harris, Maps as a morality play: Volume I of the Historical Atlas of Canada, 163–180; 7. Deryck W. Holdsworth, The politics of editing a national historical atlas: A commentary, 181–196.

② Evelyn Edson, *The World Map, 1300–1492: The Persistence of Tradition and Transformation*, Baltimore: The Johns Hopkins University Press, 2007.

法》(J. H. Andrews, *Maps in Those Days: Cartographic Methods Before 1850*), [①] 是厚达 549 页的大部头著作，系统讨论了 1850 年之前的测量与绘图的数学方法演进历史，是该方面的最新力作，可以称得上是集大成的专著。

在测绘技术史的研究中，文本研究与实验研究的结合成为近年来得到发展的一种方法。在理查德·塔尔伯特主编的《古代透视：美索不达米亚、埃及、希腊与罗马的地图与他们的地方》[②] 论文集中，收录了迈克尔·路易斯《希腊和罗马的测量与测量工具》(Michael Lewis, Greek and Roman Surveying and Surveying Instruments, pp.129–162) 一文，该文作者不仅复原了测量仪器，并进行了实验检验，将科学史中的技术复原与实验验证很好地结合到了一起。通过复原古代测绘技术，并以此来绘制复原古代地图，在地图学史研究中已得到不少关注，如 *El Tratado de Tordesillas en la cartografía histórica*，[③] 是一本西班牙语的地图学史，它的研究方法就是对古代地图的绘制复原研究。

随着资料的丰富与学术思潮的发展，测绘技术史向区域测绘学史的方向深入延伸。

二、区域测绘学史的代表作《链接俄勒冈》

区域测绘学史正得到更多人的关注，成为地图学史实证研

① J.H. Andrews, *Maps in Those Days: Cartographic Methods Before 1850*, Dublin 8:Four Courts Press, 2009.

② Richard J. A. Talbert, ed., *Ancient Perspectives: Maps and Their Place in Mesopotamia, Egypt, Greece & Rome*, Chicago and London: The University of Chicago Press, 2012.

③ coordinador, Jesús Varela Marcos; autores, Juan Vernet... [et al.].*El Tratado de Tordesillas en la cartografía histórica* / [Valladolid] : Junta de Castilla y León : V Centenario Tratado de Tordesillas, [1994].

究不可忽视的一个领域。如阿列克谢·V. 波斯尼科夫（Alexei V. Postnikov）《俄属美洲的图绘：地理学上的俄—美联系历史》，[①] 通过对俄属美洲地图学史切入俄国与美洲关系史。2014年罗伯特·克兰西（Robert Clancy）等人撰写的《绘制南极洲：一份500年的发现记录》（*Mapping Antarctica, A Five Hundred Year Record of Discovery*），[②] 则以极为细致的南极洲测绘过程的梳理，将地理发现背后的测绘学史与社会历史进程揭露了出来。

在区域测绘学史方面，2008年出版的凯·阿特伍德（Kay Atwood）《链接俄勒冈：1851—1855年太平洋西北区公地测量》，[③] 很有代表性。该书主要利用档案资料对美国俄勒冈1851—1855年测量事业进行了细致的复原与深入的讨论，将区域测绘史从国别大区推进到国家内部区域的讨论。兹将该书内容介绍如下。

《链接俄勒冈》介绍了1851—1855年美国联邦测量员在太平洋西北地区的勘测历史，系统地讨论了这项工作对西进运动所做的贡献，以及对现在俄勒冈州和华盛顿州西部山谷和邻近山脉的土地利用

---

① Alexei V. Postnikov, *The Mapping of Russian American: A History of Russian–American contacts in Cartography*, University of Wisconsin–Milwaukee, 1995, American Geographical Society Collection Special Publication No.4.

② Robert Clancy, John Manning, and Henk Brolsma, *Mapping Antarctica, a five hundred year record of discovery*, Springer & Chichester（UK）: Praxis Publishing, 2014.

③ Kay Atwood, *Chaining Oregon: Surveying the Public Lands of the Pacific Northwest, 1851–1855*, Blacksburg: The McDonald and Woodward Publishing Company, 2008. 凯·阿特伍德（Kay Atwood），美国俄勒冈州地方史专家。1964年毕业于密尔斯学院（Mills College），后获得加利福尼亚大学戴维斯分校硕士学位（University of California, Davis），她一直致力于俄勒冈州历史的工作，于2004年逝世。著有 *Minorities of Early Jackson County, Oregon*, Medford: Gandee Printing Center, 1976. *An Honorable History: 133 Years of Medical Practice in Jackson County, Oregon*, Medford: Gandee Printing Center, 1985. *Illahee: The Story of Settlement in the Rogue River Canyon*, Corvallis: Oregon State University Press, 2002等。

的影响。美国考古学家、历史学家杰夫·拉朗德（Jeff LaLande）为其作序，赞扬该书“干练地将这项对于公众和大多数地区历史学家来说鲜有人知的事业纳入了更广泛的历史背景中”。《序言》中拉朗德对“Chaining”一词的两层含义进行了解释：一是当时的测量员在实际工作中用到的金属锁链状的标准水平测量工具；二是这一概念通过叠加笛卡尔坐标网格来捕获和征服过去“野生”的土地。在《前言》中，阿特伍德介绍了该书的研究缘起以及使用到的史料。据阿特伍德介绍，她在测量员马克·博伊登（Mark Boyden）的帮助下，浏览了巴特勒·艾夫斯（Butler Ives）和乔治·海德（George Hyde）实测时的田野记录，她由此对这些测量员的身份以及他们对西部地区定居所做的贡献深感兴趣。她随后依托美国公共土地测量史，俄勒冈州西部定居的历史、地理、社会学和环境研究论著，以及政府调查与行政档案资料，包括查尔斯·戴维斯（Charles Davies）的《勘测与导航基础》（*Elements of Surveying and Navigation*），以及政府文件和手稿收藏、测量员的原始日记和信件等，完成了她的研究。

全书按时间线索展开，除《导论》《后记》外，共十一章。阿特伍德细致描述了当时勘测队员所经历的艰苦、复杂环境，颂扬了测量队员对美国政府和商业做出的贡献。

第一章《1851年春：奔赴俄勒冈》（Spring, 1851: Out to Oregon）。主要讲述1850年9月27日通过《俄勒冈土地授予法》（Oregon Donation Land Act）后，选定33岁的约翰·鲍尔·普雷斯顿（John Bower Preston）作为测绘局长（Surveyor General），启动喀斯喀特山脉（Cascade Range）以西的公共土地测量计划，以及向符合要求的定居者授予土地所有权的计划。在普雷斯顿的号召下，威廉·艾夫斯（William Ives）、詹姆斯·弗里曼（James Freeman）、巴特勒·艾夫斯、约瑟夫·亨特（Joseph Hunt）、罗伯特·N. 布雷武特

（Robert N. Brevoort）、罗伯特・亨特（Robert Hunt）、乔治・海德等身强力壮的年轻人一同踏上了奔赴俄勒冈州的艰难旅途。

第二章《1851 年夏：在俄勒冈地区布线》（Summer, 1851: On Line in Oregon Territory），讲述测量工作初始阶段的情况。1851 年 5 月 13 日，刚抵达两天的队员跟随普雷斯顿踏上考察之旅。他们先后在威拉米特子午线北段（Willamette Meridian North）、基准线东西、威拉米特子午线南段进行勘测和布线。队员们利用 17 世纪埃德蒙・冈特（Edmund Gunter）发明的由 100 个链节组成的全长 66 英尺的四极冈特测链，结合 33 英尺的两极链进行测量，每半英里比较测量结果以保证准确性。但是受到地形、天气等因素的影响，工作进度比较慢，在合同签订一个月后，威廉・艾夫斯和詹姆斯・弗里曼勘测的线路还不到一半。

第三章《1851 年夏：子午线》（Summer, 1851: Meridian）。介绍了 1851 年夏天，艾夫斯兄弟在 73 英里的基准线以东和威廉・艾夫斯在一个月前放弃的威拉米特子午线北段，以及弗里曼在威拉米特子午线南段的勘测历程。他们分别徒步行走八周，确定了三百多英里的经线。

第四章《1851 年秋：威拉米特河谷的乡镇和地区》（Fall, 1851: Township and Section in the Willamette Valley）。介绍了秋天，测量队员们面临更加艰巨的任务——铺设俄勒冈州的镇区网格。在普雷斯顿的统筹下，最熟练的副手将测量乡镇边界以形成关键框架线，经验不足的测量员将把乡镇划分为区块。乔治・海德在这一时期加入了测量队伍。到 1851 年 11 月底，普雷斯顿已经签发了四份对 29 个乡镇进行边界测量的合同和五份对 23 个乡镇进行分割的合同。尽管条件艰苦，并且许多测量员患病，但他们还是留下了珍贵的笔记和草图。

第五章《1851 年冬至 1852 年夏：一环扣一环》（Winter,

1851–Summer, 1852: Chain by Chain）。讲述了 1852 年新年前后的冬天，天气寒冷，雨水格外多。威廉·艾夫斯和詹姆斯·弗里曼继续测量工作。艾夫斯在 2 月 11 日完成合同返回俄勒冈市。弗里曼在俄勒冈州斯德顿（Stayton）附近划分了南 9 镇，西 1 区范围。同时，在塞勒姆（Salem）东部，乔治·海德沿着布丁河和小布丁河（Pudding and Little Pudding rivers）分区。随着完成的城镇调查数量不断增加，普雷斯顿启动了新的土地授权申请程序。他发布声明，开始接受定居者的所有权申请（settlers' claims notifications）。1852 年春天，巴特勒·艾夫斯离开俄勒冈市，在莫拉腊（Molalla country）附近继续测量。普雷斯顿又邀请罗伯特·埃尔德（Robert Elder）加入到测量队伍中来。但是威廉·艾夫斯在夏天的时候决定退出。

第六章《1852 年秋：政治与赞助》（Fall, 1852: Politics and Patronage）。本章主要陈述威廉·艾夫斯退出后的测量工作。1852 年 10 月，普雷斯顿在提交给华盛顿土地总局（General Land Office in Washington）的年度报告中宣布，已经完成了对 60 个镇区的外线调查，划定了 55 个镇区。777 名持有 640 英亩土地所有权的定居者提交了所有权申请，202 名居民根据该法的第四节要求获得 320 英亩土地。8 名定居者提交了 320 英亩的申请，20 名定居者根据要求获得 160 英亩的土地，共有 1007 名定居者要求获得 567600 英亩的土地。然而 12 月中旬，政治局势发生变化，民主党人富兰克林·皮尔斯（Franklin Pierce）当选总统，在政治赞助与友谊、忠诚紧密相连的 19 世纪的美国，普雷斯顿开始忧心新总统任命新人后自己将会失去工作。

第七章《1853 年冬和春：测绘局长》（Winter and Spring, 1853: Surveyor General）。本章讲述 1853 年春末，詹姆斯·弗里曼也退出了测量工作。除了失去了两位最初的首席测量员之外，测量队还面临着更换测绘局长可能导致的副手协作问题、测量员内部竞争、政府拨款不到位等困难。

第八章《1853：解职和更换》（1853: Removal and Replacement）。介绍了 1853 年 6 月 30 日，皮尔斯总统解除了普雷斯顿的职务。当年仲夏，查尔斯 · K. 加德纳（Charles K. Gardner）被任命为新的俄勒冈州测绘局长。在新局长到任前，普雷斯顿最后三个月签署了本年度三份勘测合同。

第九章《1854：子午线南段》（1854: Meridian South）。讲述了 1854 年 1—3 月，艾夫斯和海德一直在等待罗格—安普夸山沟（Rogue–Umpqua）的积雪以及俄勒冈州西南部的印第安人和白人定居者之间的敌对行动消退。4 月 21 日，测量队开始沿着威拉米特子午线和罗格河谷测量。1854 年 4 月 8 日，约瑟夫 · 亨特乘坐的汽船发生爆炸，当场死亡。随着晚春时节俄勒冈州南部逐渐变暖，艾夫斯和海德暂时放弃沿子午线，转而勘测熊溪和罗格河谷（Bear Creek and the Rogue）。

第十章《1854 ：链接罗格河谷》（1854: Chaining the Rogue River Valley）。介绍了 1854 年 5 月 29 日，艾夫斯和海德将队员分成两组分别出发，在一周内测量了八个乡镇的边界。测量工作进行到 11 月，艾夫斯和海德将第 47 号合同的最后一份实地记录寄给了加德纳。艾夫斯因降薪，离开了测量队。至此，1851 年春天即到达俄勒冈州的测量员，只剩乔治 · 海德还留在那里。

第十一章《1855：回到美国》（1855: Back to America）。讲述了 1855 年以后，俄勒冈的测量工作逐渐萧条，有经验的测量员一一离开，合同减少，工资缩减，还受到了政治压力。乔治 · 海德也决定结束俄勒冈的冒险返回家中，俄勒冈测量的黄金时期已经逝去。普雷斯顿回到美国后，将测量获得的一手信息出售给商业地图制作者，成为制图师手中有价值的材料。

阿特伍德充分肯定了测量员们的工作，作者认为这些测量员不仅为研究他们的笔记和地图的科学家和人文主义者提供了坚实的数据，也向我们揭示了被时间遗忘的地方。“由于测量员的存在，我们这些渴望看到曾经的东西，渴望得到更多关于古老景观的浪漫愿望的人，可以把望远镜伸到过去。”

《后记》中，作者补充了艾夫斯兄弟、詹姆斯·弗里曼、乔治·海德、约翰·B. 普雷斯顿离开俄勒冈州以后的经历。

俄勒冈州立大学的蒂娜·K. 施韦卡特（Tina K. Schweickert）对阿特伍德的工作予以了高度评价，她认为阿特伍德对档案研究非常彻底，她的工作“填补了俄勒冈州早期文化和环境精神史的一个重要空白”。接着蒂娜又从科学史家的角度指出阿特伍德对太阳罗盘和经纬仪缺少对其功能和使用的描述，并且她认为依时间线行文的方式打破了叙事的完整性。此外，蒂娜批评阿特伍德“对印第安人的困境给予了轻描淡写的处理”。

阿特伍德的工作，将议论夹杂在历史事件的描述之中，深入细致地展现了测绘学的叙事史路径。

第四节　本章小结

库恩从科学史研究角度提出“范式”（paradigm）之后，它既作为一种概念，也作为一种研究方法、观察视角，很快在世界范围内广泛传播，在各个学科与专业研究领域都产生了深远的影响。但是要特别指出的是，在学术研究中，新旧研究范式的替代往往需要一个过程，而且并不完全是覆盖式的，在有些领域与学科或许确实是新的完全覆盖了旧的，但是在有些领域与学科或许是新的逐渐占据主流，旧的虽然走向边缘，但是依然存在，甚至长期存在。地图史研究就是这样一个学术领域。

不仅在新理论刚刚兴起的20世纪90年代有加埃塔诺·费罗《热那亚地图学传统与克里斯托弗·哥伦布》这样着重于具体史事考订的工作，即使到了2007年还有《沃邦之旅》那样以人物和测绘工具为对象的专门研究。

在地图史研究中具体地图的工作一直在推进，如理查德·塔尔伯特《罗马的世界：波伊廷格地图的重新审视》（2010），保罗·哈维《中世纪地图》（1991），以及詹姆斯·艾利奥特《地图上的城市：到1900年为止的城市地图绘制》（1987）等，从特定地图，到某一时代具体地图，以及专题地图的讨论，这种基础性的工作具有持续性。

地图史研究转向后，以科学进步为核心的传统的科学测绘学史也仍然在进步，J. H. 安德鲁斯《过去的地图：1850年之前的测绘方法》（2009）是测绘科学进步史方面的力作，而凯·阿特伍德《链接俄勒冈：1851—1855年太平洋西北区公地测量》（2008）、罗伯特·克兰西等人撰写的《绘制南极洲：一份500年的发现记录》（2014）则展示了测绘科学史在区域层次的进步过程。

上述这类工作，不仅论题常规，其理论与方法也还是以传统科学地图学史的研究思路为中心，但是它们同样推进了地图史研究的深化与进步，因为它们梳理出了地图学发展不同侧面的史事与史实，提供了新的知识。

第四章　地图与图像：从地图史到普通史

第一节　地图与区域历史地理

一、地图上的区域历史地理传统

将地图当作一种可资考订的史料用来讨论历史，在史学领域并非新创造，而是一种传统。这在城市史、历史地理研究中，更是常见的方法与手段。如琼·道森（Joan Dawson），作为加拿大一位普通的地方史与地图史学者，她在《绘图者的视野：早期地图中的新斯科舍》(1988)，以及《绘图者的遗产：地图上19世纪的新斯科舍》(2007)[1]中，展现了将地图作为主要资料研究地方史的价值。她在《绘图者的视野》中通过地图讨论了早期新斯科舍的发展，然后沿着该书的道路写作了《绘图者的遗产》。在后书中，她通过仔细检验和

① Joan Dawson, *The Mapmaker's Eye: Nova Scotia through Early Maps*, Halifax: Co-Publiched by Nimbus Publishing Limited and The Nova Scotia Museum, 1988; Joan Dawson, *The Mapmakers' Legacy: Nineteenth-Century Nova Scotia through Maps*, Halifax : Nimbus Publishing Ltd, 2007. 琼·道森是卢嫩堡县历史学会和新斯科舍省遗产信托基金会(Lunenburg County Historical Society and the Heritage Trust of Nova Scotia)的成员，是皇家新斯科舍省历史学会(Royal Nova Scotia Historical Society)的会员。她写过很多地图和地方史的文章，是《历史悠久的拉哈维河谷》(*Historic LaHave River Valley*)的共同作者，并给《1878年滨海省份历史地图集》(*Historical Atlas of the Maritime Provinces 1878*)一书写了导论。

分析19世纪的地图，以获得关于整个省，以及它的资源、居民的知识。她发现，在19世纪早期地图上是矗立的聚落，修建连接聚落的道路，正在构筑的快速增长的复杂的防御工事，以及发展所依赖的资源；而在该世纪的下半期，该地区的地图发生了变化：突然间它们描绘工业的发展，铁路和航运的建立，以及发育的手工业工场和商业市镇建立的商业。

琼·道森的工作是执着的传统的实证主义研究，并没有受到新社会批判理论的影响。这样的做法在历史地理学界中至今仍然是一个重要的工作领域，如2010年出版的《威廉·法登与诺福克的18世纪景观》。[①]

德里克·哈耶斯（Derek Hayes）《加拿大历史地图集》一书的副标题为"原版地图图解加拿大历史"很直接地揭示了作者的写作意图。诚如作者在导言中所说，这是首次出版的仅用古旧地图而不是重画的地图组成的加拿大历史地图集。作者尝试用原版地图解释国家地理知识的进程，以及加拿大历史中的重点事件。[②]

二、杰佛里·默里《我们的大地》

在加拿大自然资源部（Natural Resources Canada）纪念1906年第一版《加拿大地图集》（*The Atlas of Canada*）刊行一百周年之际，杰佛里·默里（Jeffrey S. Murray）出版了《我们的大地，1550—

---

① Tom Williamson and Andrew Macnair, *William Faden and Norfolk's 18th-Century Landscape*, Oxford: Windgather Press, 2010.

② Derek Hayes, *Historical Atlas of Canada: Canada's History Illustrated With Original Maps*, Donglas and McIntyre (2013) LTD..©2002 by Derek Hayes, First paperback edition 2006, Revised paperback edition 2015.

1950：加拿大地图背后的故事》。[①] 该书内容取材自加拿大图书馆和档案馆的地图藏品，集中展示了卫星成像（satellite imaging）发展和地理信息系统（Geographical Information Systems）占主导地位以前的四百年间与加拿大有关的地图遗产。默里从地图的绘制者、制图方法、制作原因以及如何影响加拿大人的生活等方面的入手，通过揭示地图背后的故事以阐释加拿大的地理多样性。该书歌颂了加拿大人在面对自然地理障碍时，迅速利用新技术进行测绘的地理智慧和利用地图主动传播地理知识的行为。

默里在《前言》中，以地图研究者为切入点，对加拿大地图学史研究进行了简要回顾。他首先指出制图师和测量师的地图学史叙述通常比较个性化；而古物收藏家（antiquarians）则将地图视为敬奉之物（objects of veneration），并不注重这些艺术品自身的迷人历史。默里认为历史学者对制图师们在尝试界定加拿大未知领域时所面临的问题关注不够，也没有研究地图在加拿大发展过程中所发挥的作用。基于以上背景，默里借纪念《加拿大地图集》出版百年的契机，反思和评估过去的成就，揭示地图背后隐藏的加拿大人探索和发现自己所处世界一角的热情。

该书分为 4 部分，每部分包含 3 章，共 12 章，以专题的形式讨论了地图在加拿大历史发展中的角色。

---

① Jeffrey S. Murray, *Terra Nostra: The Stories behind Canda's Maps: 1550–1950*, Georgetown: McGill–Queen's University Press, 2006. 杰弗里·S. 默里，本科就读于加拿大特伦特大学（Trent University），获得考古学和理学学士学位。硕士就读于阿尔伯塔大学，获得考古学硕士学位（Master's Degree in Archeology, University of Alberta）。曾就职于加拿大公园管理局。1985 年，被聘为加拿大图书馆和档案馆（前身为加拿大国家档案馆）高级档案管理员（Senior Archivist, Library and Archives Canada），负责 19 世纪末和 20 世纪初的地图记录。此外，他还曾是加拿大地图图书馆和档案馆协会公报的书评编辑（Review Editor, the Association of Canadian Map Libraries and Archives Bulletin）。

第一部分《展望加拿大》（Envisioning Canada）。默里认为，地图具有强大的工具性质，它是被用来展现希望（hope）、控制（control）和劝导（persuasion）的工具。地图不仅能传递信息，还可以被利用成为获取权力、威望和财富的工具。

第一章《通往东方的航道》（Passage to the Orient）。默里讨论了欧洲人逐步揭开西北航道（Northwest Passage）神秘面纱的过程。他通过对萨米埃尔·德尚普兰（Samuel de Champlain）、皮埃尔·戈尔捷·德拉韦朗德里（Pierre Gaultier de la Vérendrye）、德丰特（de Fonte）、塞缪尔·赫恩（Samuel Hearne）、詹姆斯·库克（James Cook）、乔治·温哥华（George Vancouver）、亚历山大·麦肯齐（Alexander Mackenzie）等人航海进程的描述，结合对这一时段地图产品的介绍，指出欧洲人认为存在西北航道已有300年的历史，这种信念很大程度上影响了他们对北美地理的理解。相信西北航道的存在，是一种展现希望的地图学。

第二章《默里将军绘制圣劳伦斯河地图》（General Murray Maps the St. Lawrence）。1760年英军攻占蒙特利尔后，北美英军总司令杰弗里·阿默斯特（Jeffrey Amherst）和殖民地总督詹姆斯·默里（James Murray）意识到了控制新属地时信息的缺乏，于是在默里的指挥下，测量队利用英军现有设备，对圣劳伦斯河流域进行实地测绘，绘制了大小两种不同图幅的地图。作者认为，尽管英军在实测过程中遇到了设备精度不足、地形不熟悉、气候恶劣、内部分工矛盾等困难，但还是绘制出了“经得起时间考验的地图”。这种地图展现了控制的地图学。

第三章《“百万人的自由农场”》（“Free Farm for the Million”）。本章探讨了加拿大在19世纪末出版的为了吸引移民充实西部大草原的一系列地图集。在内政部长克利福德·西夫顿（Clifford Sifton）的倡导下，加拿大出版制作了一系列宣传西部大草原有利条件的地图册，再加上地图对西部草原恶劣条件的有意沉默，改变了人们的观念，宣传效果立竿见影，短短四年内，移民数量跃升。这些地图册展现了劝导的地图学。

第二部分《使我们的城市完美》(Perfecting Our Cities)。该部分主要考察垂直平面图（vertical plans）、鸟瞰图（bird’s-eye view）和三维模型（Three-dimensional models）三种不同类型的城市地图。默里指出，城市是加拿大自我价值感（self-worth）的重要体现，但是在地图表达上，城市中密集的地物给制图师绘图增添了难度，促使制图师不断探索新的表达方式。本部分正是对不同视角所绘城市景观图的探讨。

第四章《塑造魁北克》(Modelling Québec)。本章考察了戈瑟·曼（Gother Mann）少将通过建构新的城市形态改善魁北克防御计划的尝试。曼聘请了让－巴普蒂斯特·迪贝热（Jean-Baptiste Duberger）和约翰·比（John By）负责这一项目。城市改造完成后，两人职务都得到了晋升。在后来英美冲突中，城市规划的价值显现出来，改进的魁北克防御工事有效阻挡了美军的进攻，魁北克成为了英军的军需供给中心。

第五章《鸟瞰图》(A Bird’s-Eye Perspective)。该章主要讨论 19 世纪末加拿大城市化进程中鸟瞰图的发展。默里指出，支持加拿大城市化的人认为彩绘鸟瞰图是加拿大城市化宣传的重要工具。鸟瞰图作为描绘 19 世纪城市美好生活的工具，一度成为最流行的地图之一。艺术家们展示街道格局、个别建筑和主要景观特征的彩色平版画成为了最初的鸟瞰图，后来随着摄影技术的进步，鸟瞰平版印刷术（the bird’s-eye lithograph）逐渐消亡。默里指出鸟瞰图本质上，“不是对事物本身的描述，而是艺术家及其赞助者希望出现的版本”。

第六章《绘制火灾地图》（Mapping for Fire）。本章讨论了满足加拿大保险行业特殊（理赔）需求的火灾地图（fire insurance maps）。测量师D. A. 桑伯恩（D. A. Sanborn）意识到了地图在保险行业的重要性后，雇佣了查尔斯·E. 戈德（Charles E. Goad）等人进行测绘。戈德绘制的地图及创建的营销体系获得了巨大成功，他统治了加拿大保险制图行业长达50年。默里对戈德的成就予以了较高评价，他认为戈德的平面图使得保险业在发生重大火灾时能更好地自我维持。此外，戈德无意中留下的最大的遗产，即细图（detailed plans），为后世致力于研究加拿大早期城市结构的学者提供了一条路径。

第三部分《寻找我们的路》（Finding Our Way）。该部分主要研究交通方式发展变化过程中，加拿大制图师应运推出的三种导航地图。默里认为，交通运输系统对加拿大的发展至关重要，随着水路、铁路、公路、空运等交通运输方式的变化，制图师绘制出了既能鼓励旅行又能导航的地图。

第七章《绘制东部海域图》（Charting Eastern Waters）。本章从英法对北美的争夺引出对大西洋海岸勘测的讨论。默里指出英法七年战争结束后，英国发起了由迈克尔·莱恩（Michael Lane）和詹姆斯·库克对纽芬兰和拉布拉多沿海水域沿岸（the waters off the coasts of Newfoundland and Labrador），约瑟夫·F. W. 德斯巴雷斯（Joseph F.W. Des Barres）对新斯科舍海岸（Nova Scotia coast），塞缪尔·霍兰（Samuel Holland）对爱德华王子岛、马德莱娜群岛和布雷顿角岛等地（Prince Edward Island, Îles-de-la-Madeleine, Cape Breton Island）的勘测项目。默里重点介绍了德斯巴雷斯的工作，他整合了霍兰、库克等人的测量成果，将其出版为《大西洋海图集》（*The Atlantic Neptune*）。图集出版后，受到了广泛赞誉，并且在实际应用中，使得1778年在加拿大东部海域航行的凤凰号（the Phoenix）幸免于难。

第八章《寻找克朗代克的黄金》(Going for Klondike Gold)。本章讨论了地图在 19 世纪 80 年代兴起的克朗代克淘金热中起到的作用。默里指出，1897 年开始，约有 10 万名淘金者涌向加拿大育空地区 (Yukon)。地图商人意识到了热潮带来的商机——大批涌入该地区的淘金者对这一地区的情况知之甚少。他们在提供地理信息的借口下，操纵地图图像，通过突出标明时间早、规模小的淘金活动、夸大从南方进入育空地区的便利程度等手段迎合淘金者认为该地区拥有无限财富可能性的看法。事实证明，克朗代克淘金热对大多数淘金者来说都是失败的。因此默里最后强调，克朗代克地图极具欺骗性和误导性，是强有力的劝导工具。

第九章《为您带来驾驶乐趣的地图》(Maps for Your Motoring Pleasure)。本章讨论了汽车行业发展衍生的地图绘制业务。默里介绍了从新皇家康诺特酒店（ new Royal Connaught Hotel ）免费发放路线图开始，到 1923 年，公路部门发布第一张“官方”路线图，再到汽车旅游业意识到其营销价值，免费路线图逐渐成为加拿大旅游行业向公众推销其产品和服务的核心工作。

第四部分《扩大景观》(Scaling the Landscape)。本章讨论了三个大比例尺测绘项目。默里指出，尽管此前已有约翰尼斯·勒伊斯（ Johannes Ruysch)、詹姆斯·默里和约瑟夫·布谢特（ Joseph Bouchette ）等人的区域调查工作基础，但加拿大本身的地理多样性要求必须有进一步勘测，这成为推动大型测量项目的动力，也扩大了加拿大景观的认知与表现。

第十章《霍金县地图》(Hawking County Maps)。本章讨论了起源于 19 世纪中期在加拿大东部各县的地籍图 (Cadastral maps)。默里指出，地籍图标明了农村财产的边界和地主的名字，最初是欧洲政府为征税而设计的，而在加拿大，商业制图者主导的地籍图绘制却与税收关系不大。这些地籍图以订购（subscription）的方式售卖，除了是一种地理参考工具，出版商还充分利用农民的虚荣心将其打造为对先驱者的社区精神和成功的视觉提示。

第十一章《德维尔的地形测量照相机》（Deville's Topographic Camera）。本章讨论了19世纪80年代中期，加拿大测绘人员面对落基山脉的复杂地形时采取的新的摄影测量技术。在法国人爱德华·加斯东·德维尔（Édouard Gaston Deville）的指挥下，测量员詹姆斯·麦克阿瑟（James McArthur）实地勘测后，绘制了3400平方公里的落基山脉、整个国家公园以及边界以外的大片区域的地形图。第一次世界大战后，固定翼飞机大量生产，航空摄影逐渐应用到测绘中，并与德维尔的测量相机相互补充，两者至少同时使用了30年，直到20世纪50年代初，航空摄影才完全取代测量相机。

第十二章《第一次世界大战的武器》（Weapon of the Great War）。本章讨论了加拿大的技术如何帮助西线战场（Western Front）的制图师为英国和加拿大炮兵提供他们所需的等高线地图（contour maps），以展开针对德国战壕的间接射击（indirect fire）方法。19世纪时，加拿大的地图多使用晕滃法表现地形，难以显示实际海拔高度，不利于军事用途。在这一背景下，加拿大人利用航空摄影，绘制了大量应用于军事的地图。默里指出，等高线地图是加拿大科学技术对西线战争做出的独特贡献。

在最后的结论中，默里介绍了加拿大图书馆和档案馆的馆史与馆藏情况，接着从地理信息系统（GIS）、雷达卫星（RADARSAT）等新技术在制图行业的应用方面，讨论了加拿大在自动制图领域的先进性和独创性。默里认为，加拿大的地图为国家技术成就提供了证据，对民众地理知识的增长提供了深刻理解，是加拿大人民观察世界的窗口。

该书第一部分是加拿大早期历史与地图学的关系，第二部分则是地图与加拿大城市发展的历史互动，第三部分则是交通发展过程中地图对加拿大社会的影响，第四部分则是测绘科学进展对加拿大历史的贡献。每一个部分，都展现了地图呈现希望、控制社会、劝导行动的历史。既从不同侧面揭示了加拿大地图学的发展历程，也通过地图学的发展揭示了加拿大不同区域与不同领域的历史地理过程。

第二节　地图史呈现历史

大概到 20 世纪 80 年代的时候，认为需要从地图所处的上下文或语境去理解地图，反过来利用地图内容所反映的社会理解历史，在地图学史和地图史领域已经并非孤立，而是逐渐得到更多人的认可。下文略举一二，以见一斑。

一、地图史与国别史、地区史的纠缠

（一）《乡村影像：新旧世界的地产图》

哈利认为地图史研究要放到地图所处的上下文，即其社会背景中去认识的观点并非他独有，大约同一时期《乡村影像：新旧世界的地产图》（1988）[①] 一书的编者也提出了类似的看法。

《乡村影像：新旧世界的地产图》是纽伯里图书馆“小肯尼思·内本扎尔”（The Kenneth Nebenzahl, Jr.）地图学史系列第 9 场讲座的地图展览成果汇辑。当时任赫蒙·邓拉普·史密斯地图学史中心

① *Rural Images: The Estate Plan in the Old and New Worlds, A Cartographic Exhibit at the Newberry Library on the Occasion of the Ninth Series of Kenneth Nebenzahl, Jr., Lectures in the History of Cartography,* Catalog prepared by David Buisseret. The Newberry Library, Chicago, 1988.

主任的大卫·布塞雷特负责此次地图展览的目录准备。全书共收录16幅图，除了6、11、12号三幅展品外，其余全部来自纽伯里图书馆馆藏。

该展览以呈现乡村景象的地产图（Estate Plan）为切入点。其《序言》认为："测绘史最深的秘密源自每幅地图的社会和经济背景。地图采取什么形态很大程度上取决于其所处社会、经济背景的需求、趣味和技术成就。事实是，当我们思考近代早期印刷地图的时候往往忽视它。作家们写作的时候似乎常常进入了一个社会、经济的真空，似乎经历的是某种布莱克式（Blake-ish）纯粹精神。"编者指出，由于地产图本身的特性，"对于地产图，一开始就被驱使去研究其社会和经济基础"。

正文部分，布塞雷特对16幅展品一一做了介绍。这些地图在时间上涵盖16—19世纪，地域上包括英国、荷兰、北美洲等地。编者重点关注这些地产图的源起背景、图面信息，以及具体用途。编者将地产图的功能归结为3条：一是作为土地规划工具；二是起装饰作用；三是解决某些地权纠纷。该手册较为简单，很多问题未能展开讨论。

1996年，布塞雷特将1988年讲座的文章重新汇编成名为《乡村影像：新旧世界的地产地图》(*Rural Images: The Estate Maps in the Old and New Worlds*）的论文集。值得注意的是，由于两书名字极为相近，1988年的称为"*The Estate Plan*"，而1996年论文集称为"*The Estate Maps*"，读者在阅读和引用时要注意辨别。

（二）保罗·哈维《都铎时期的地图》

都铎王朝时期的地图学史和地图史是非常重要的论题，1993年出版的保罗·哈维《都铎时期的地图》[①] 可资参考，其内容概略如下。

该书认为，16 世纪的英格兰发生了一场地图学革命，从这个基本命题出发，考察了自 1485 年亨利七世登基到 1603 年伊丽莎白一世去世期间都铎王朝的类县小区域地图的形状、绘制原因及发展变化等问题，按时间顺序呈现了英格兰地形图发展方式及其背后新技术的发现和采用。

哈维认为，直到 16 世纪后期，大范围地理图和小区域地形图在英国呈现出的是独立的平行发展态势，其写作仅限于英格兰小区域地形图。但是英格兰的强势政策使得其制图业对周边皮卡第（Picardy）、威尔士（Wales）、苏格兰（Scotland）、爱尔兰（Ireland）等地产生的影响则在讨论范围内。

该书共 7 章，收录 81 幅插图。第一章系统介绍地图学革命，随后几章依次讨论地图如何为防御工事（Fortifications）、政府、城镇、地产（Landed Estates）、建筑以及法律等特定目的服务。每一部分以一幅地图图片开始，既呈现了该时期地图史的侧面，同时也通过地图展现了都铎时期的英格兰历史。

卷首图是由著名弗拉芒画派艺术家小马库斯·海拉特（Marcus Gheeraerts the younger）大约在 1592 年绘制的伊丽莎白一世女王（Queen Elizabeth I）肖像图。图中女王脚踩牛津郡，立于象征其王国的地图之上。该图现藏于英国国家肖像馆（National Portrait Gallery）。

卷尾图是一幅绘制于 1539—1540 年的康沃尔郡芒特湾、利泽德湾和圣艾夫斯湾图（Mount’s Bay, Lizard and St Ives Bay, Cornwall），主要是为抵御侵犯，进行海岸防御规划所绘。

第一章《地图学革命》（A Cartographic Revolution）。据哈维介

① P. D. A. Harvey, *Maps in Tudor England*, Chicago: the University of Chicago Press,1993.

绍，16 世纪时，英格兰人对地图知之尚少，但到了 17 世纪，地图已成为人们日常生活中熟悉的物品。期间，一场地图学革命在英格兰兴起。哈维称这场革命不仅是一场接受和使用地图的革命，也是一场地图绘制的革命。首先，他以 16 世纪为分界，提出了对地图定义的看法。哈维认为我们现在所理解的地图是 16 世纪以后的发明，而此前所谓的地图，哈维称它们为行程图（itinerary–maps）、图片地图（picture maps）和建筑或田地轮廓图（outlines of buildings or fields）。此外，哈维指出，16 世纪 40 年代比例尺的使用是 16 世纪英格兰地图经历的最大的变化。接着，哈维讨论了印刷术对地图学革命的促进作用。他指出印刷使得使用地图和平面图的想法在广大公众中传播，并且确保了地图不再局限于有限的用户群体和特定的技术工艺。哈维认为，这场地图学革命不仅是地图绘制方式的革命，还是地图使用者思维方式的革命。他希望可以多角度、正确地理解本书中引用的许多很难称得上客观的都铎王朝景观图，包括区分地图的绘制者、赞助者，辨析绘图者对景观的感知。考虑地图表面目的和实际功能背后的传播学意义及象征性内涵。

第二章《地图和防御工事》（Maps and Fortifications）。哈维首先从皇家工程入手，他认为在规划这些皇家工程时系统使用的地图似乎是地图学在英格兰都铎王朝的首次根本性扩展。重点讨论了亨利七世雇佣的意大利人温琴佐·沃尔佩（Vincenzo Volpe）和吉罗拉莫·达特雷维索（Girolamo da Treviso）的绘图工作。哈维认为，英格兰比例尺绘图法有可能是特雷维索引入的技术，但也有可能存在其他来源。英格兰制图者绘制的比例地图最早可以追溯到 1540 年左右。他介绍了英格兰比例绘图的先驱者理查德·李（Richard Lee）及其助手约翰·罗杰斯（John Rogers）的制图成果。同时，他也指出：16 世纪下半叶比例绘图法尚未被普遍接受和理解，这时绘制的防御工事图不一定是李和罗杰斯绘制的那种。受到王室财政波动以及对防御设施关注不同的影响，这类图在生产上具有不连续性的特征。哈维指出，制图工程师们在绘制防御工事图的同时，也关注到了工事外围的广大农村及沿海水域。

第三章《地图和政府》(Maps and Government)。哈维首先提出了一个观点，即“每张地图都有两个父母（two parents），一个是地图绘制者（map-maker），另一个是委托绘制并支付费用的客户（customer）或赞助人（patron）”。本章主要是从第二个方面，即以往不被重视的国王和他的大臣们（the king and his advisers）的角度考察他们对地图的绘制和使用所施加影响的历史。哈维推测政府很可能只是通过单个防御工事的平台了解了制图的潜力，并首先认识到了它在军事方面的价值。此后，地图在防御战略中发挥了更大功用。哈维指出到伊丽莎白一世统治时期，她的所有大臣肯定都熟悉地图的使用。最后，哈维重点介绍了威廉·塞西尔（William Cecil）及克里斯托弗·萨克斯顿，尤其是后者在制图领域的贡献，他指出，萨克斯顿绘制的郡图（county maps）的重要性最突出地体现在这些地图成功地将地图学介绍给了广大的识字公众（literate public）。

第四章《地图和城镇》(Maps and Towns)。哈维认为都铎时期“最有趣”“最富诗情画意和信息量”的地图是城镇图。哈维首先介绍了最早用于防御目的的城镇图以及后来逐渐出现的体现城镇本身的地图。其次介绍了一幅绘制于1545年的朴茨茅斯平面图（plan of Portsmouth），哈维引用威廉·坎宁安（William Cunningham）的研究，指出它体现了以底层平面图（依比例绘制）为基础，将建筑和其他特征的图像强加其上的绘图特点。哈维在列举城镇图案例后指出：到16世纪末，英格兰已经形成了一种城镇平面图的类型，景观图（view）和地图之间的区别渐趋明显，尽管地图可能会以图像形式呈现，但是已经具备了概念上的依比例绘制基础。

第五章《地图和地产》（Maps and Landed Estates）。首先简单追溯了 16 世纪中叶前英格兰地产地图的历史，指出这一时期地产图有两个共同点：一、它们都是没有统一比例尺的图表或图像地图；二、这些地图具有临时绘制的特征，用以表达特定场合的特定目的。哈维指出，比起绘制地图，都铎时期英格兰书面研究（written surveys）更具传统性。哈维认为英格兰地产地图的诞生有两种源头：一、绘制地图本身就是测量师进行书面研究工作的一部分；二、地主作为地产图绘制的赞助人，对测量师所绘地产图的信任卓有成效地促成了这些图发展。此外，他指出地产地图的绘制不是新技术或新工艺的直接结果，测量员绘图之前已经使用了平板仪（plane-table）和经纬仪（theodolite）进行土地测量工作。地图绘制和书面研究经历了相伴发展的阶段，到了 16 世纪末，无论是补充书面研究还是完全取代书面研究，地产地图都已经非常成熟。

第六章《地图和建筑》（Maps and Buildings）。本章重点讨论了英格兰在都铎时期不同于其他地图的单体建筑平面图的发展。哈维首先从建筑平面图的目的出发，提出了一系列问题。接着他推测中世纪英格兰建筑平面图的规范形式可能是依形状而不依比例尺绘制，并将相关尺寸标于图面。此外，他还介绍了英格兰比例尺建筑平面图引入的两个阶段，首先是有限范围的知识分子，然后是更广泛的公众群体。最后，哈维也指出，除了平面图在建筑技术中发挥的作用，其完整的发展年表也有待研究。

第七章《地图和法律》（Maps and the Law）。在简单回顾了这一时期与地图相关的法院案例后，哈维推测法院在地图制作发展的早期阶段可能就已经处于领先地位，同时他也指出，16 世纪上半叶为诉讼所绘制的地图，有很多内容尚待挖掘。

该书并非注释满篇的精致的专著，正文中没有引注出处，而是在延伸阅读中列出了各章相关的其他代表性研究以补不足。吉姆·本内特（Jim Bennett）在其书评中，提出了与哈维在第五章谈到的“地产地图的绘制不是新技术或新工艺的直接结果”不同的观点，本内特同样以伦纳德·迪格斯（Leonard Digges）的作品举例，认为“地产地图是角度测量和三角测量技术的自然伴随和产物”。尽管本书的研究尚有缺漏与不足，但哈维对英格兰都铎时期地图的探索具有开创性意义。

（三）托马斯·苏亚雷斯《东南亚早期绘图史》

1999年托马斯·苏亚雷斯出版了《东南亚早期绘图史》，[①] 在梳理建立东南亚测绘史的过程中，也阐述了东南亚历史和地理发现史。

“东南亚”虽然是“二战”以后出现的新词汇，但是这一地区的历史却可以追溯得非常久远。苏亚雷斯选取早期涉及东南亚的地图作为研究对象，考察了这一地区的测绘史。全书分为四大部分，共16章。

第一部分《东南亚》（Southeast Asia），包括《东南亚的土地和人民》（The Land and Peoples of Southeast Asia）、《东南亚地图和地理思想》（Southeast Asian Maps and Geographic Thought）、《亚洲地图上东南亚》（Asian Maps of Southeast Asia）三章。苏亚雷斯首先围绕东南亚的起源和影响、艺术和日常生活、性别、王国地理和战争、宗教、殖民等方面进行了地域背景介绍。接着在讨论东南亚的地图和地理思想时，苏亚雷斯采用了宽泛的地图定义，即一个地方、事物或概念的空间表现，无论是实际的还是想象的都是地图。作者分别从印度宇宙

① Tomas Suárez, *Early Mapping of Southeast Asia*, Periplus Editions（HK）Ltd. 1999。大16开，288页。

观影响，东南亚当地的地球观和地理观，旅行、贸易和国家地位对地理概念的促进和地图绘制的影响，现存的东南亚地图，地图制作媒介，东南亚地图的主要类型几个方面进行了介绍。最后作者从印度、中国、日本、韩国、阿拉伯的角度探讨了这些地区的活动和地图与东南亚的关系。

第二部分《早期地中海和欧洲的记录》（The Early Mediterranean and European Record），包括《亚洲和古典欧洲》（Asia and Classical Europe）、《中世纪欧洲》（Medieval Europe）、《欧洲先驱者》（European Pioneers）三章。苏亚雷斯首先从在欧洲占有特殊地位的希腊和罗马对东南亚的描绘开始，继而谈到中世纪欧洲对东南亚的地图表达，重点介绍了马可·波罗及其后继者对东南亚的绘制记录。

第三部分《甲板上的风景：早期欧洲地图》（The View from the Deck: Early European Maps），包括《欧洲对通往印度的海路的探索》（Europe's Quest for a Sea Route to the Indies）、《半岛和龙尾的混淆》（A Confusion of Peninsulas and Dragon Tails）、《1538年以前的印刷地图》（Printed Maps Through 1538）、《1525—1540年西班牙航行中的第一批地图》（First Maps from the Spanish Voyages 1525-1540）、《贾科莫·加斯塔迪的三个模型，1548—1565年》（Giacomo Gastaldi's Three Models, 1548-1565）、《与南极洲的纠缠和被林纳河套住》（Tangling with Terra Australis and Snared by the Linea Tangling with Terra Australis and Snared by the Linea）、《1570—约1600年：向标准化过渡的多样性》（1570-ca.1600: Diversity in a Transition to Standardization）七章。本部分仍是从欧洲的视角出发，首先讨论了欧洲寻找通往印度航路的努力，以及在这一过程中所使用的地理文献中记载的东南亚和欧洲对东南亚地理事物的认知变化。此外，还介绍了截止1538年以前约翰·勒伊斯、马丁·瓦尔德塞弥勒（Martin Waldseemüller）、韦康

特·马焦洛（Vesconte Maggiolo）、洛伦茨·弗里斯（Lorenz Fries）、贝内代托·博尔多内（Benedetto Bordone）、塞巴斯蒂安·明斯特尔（Sebastian Münster）、巴罗斯（Barros）的印刷地图作品，1525—1540年西班牙航行的第一批地图以及贾科莫·加斯塔德（Giacomo Gastaldi）的地图。最后，作者介绍了16世纪以后东南亚制图中的一些现象，一是东南亚与南极洲在人们观念上的认知区分，二是葡萄牙、西班牙、荷兰、英国、法国等国在东南亚地图绘制上施加的影响。

第四部分《公司和殖民》（Companies and Colonization），包括《东印度公司的出现》（The Advent of The East India Companies）、《十八世纪和十九世纪初》（The Eighteenth and Early Nineteenth Centuries）、《十九世纪与内陆地区的测绘》（The Nineteenth Century and The Mapping of The Interior）三章。苏亚雷斯首先从英国和荷兰的东印度公司入手，介绍了印刷海图的发展趋势以及17世纪后期意大利、法国和荷兰的地图和西班牙、德国制图者对东南亚的描绘。随后，按时间顺序介绍了18世纪和19世纪初英国、法国、西班牙对东南亚的制图和在东南亚制作的欧洲地图。最后，作者介绍了进入19世纪以后，欧洲列强以侵略者的身份将绘制东南亚内陆地图提上日程，过程中，间接推动了东南亚本土的制图技术。

托马斯·苏亚雷斯在《导论》中指出了自己的两个局限：一是因为试图采用广泛连续的概述，导致主题和内容的不匹配；二是书中的东南亚地图学史在很大程度上意味着欧洲对该地区的制图，并且反过来又夸大了欧洲在该地区的作用。

与托马斯·苏亚雷斯的《东南亚早期绘图史》相比，马诺西·拉希里《测绘印度》(*Mapping India*, 2012)[①]通过地图学史揭示印度历史的表现同样突出。该书大致以时间顺序为轴，概括出不同时代的地图及地图学内容的特征，并选择适当的地图，通过对这些地图在讨论地图学史的同时，构建了印度历史的进程。基本体现了用地图绘制史和地图学史阐述区域历史进程的一般做法。

二、全球史视野下的地图学史

全球史角度展开的地图史作品，很容易就落入通俗、科普或大众化的写作，其长处是宽广的长时段的视野，短处是不够精深，但是其试图用地图来塑造全球史的写作思路值得借鉴。约翰·伦尼·肖特《穿越地图的世界：地图学史》，[②]就是一部较为典型的全球史视野下的地图史作品。

全书分为六个部分：导论、古代世界、中古世界、第一个探险时代、殖民时代的地图绘制、绘制现代世界；各部分下又分若干章，

---

① Manosi Lahiri, *Mapping India*, New Delhi, Niyougi Books, 2012. 共 319 页，铜版纸，宽大开本，接近两个 16 开 . 主要内容包括：Introduction(pp.1–32), India Takes Shape and Form(pp.33–70), The Mughal Empire(pp.71–96), Early Plans and Sketches(pp.97–128), Old Cities and Forts(pp.129–156), Surveys and Maps(pp.157–188), Wars and Acquisitions(pp.189–216), The Great Game and The Himalayas(pp.217–242), Mutiny and Famine,(pp.243–266), General Maps and Atlases(pp.267–300).

② John Rennie Short, *The World Though Maps: A History of Cartography*, Toronto: Firefly Books Ltd. 2003。全书 240 多页。约翰·伦尼·肖特，1951 年 10 月 19 日出生于苏格兰的斯特灵(Stirling, Scotland)。他在该地最小的郡克拉克曼南郡(Clackmannanshire)的一个古老村庄图利博迪(Tullibody)长大，就读于县文法学校阿洛厄学院(Alloa Academy)。1973 年于阿伯丁大学获地理学硕士学位(M.A. in Geography, University of Aberdeen)，1977 年 1 月获布里斯托尔大学博士学位(Ph. D, University of Bristol)。1976—1978 年，在布里斯托尔大学地理系从事博士后研究(Postdoctoral Research Fellow)。1978—1990 年，任雷丁大学地理系讲师(Lecturer, University of Reading)。1985—1987 年，任澳大利亚国立大学城市研究部客座高级研究员(Visiting Senior Research Fellow, Urban Research Unit, Australian National University)。(转下页)

全书共20章；每章分小节，依据主题嵌入相应的地图，很有特色，故详细介绍如下。

第一部分《导论》，由第一章概论地图技术要素与第二章早期地图组成。

第一章标题为《介绍地图》（Introducing Maps），分6个专题介绍地图的一般技术要素。

（1）地图语言（The Language of Maps），主要是定义地图。作者认为："地图直指人类经验的中心，地图绘制是一项重要的社会成就。在许多方面，地图和地图绘制的历史就是人类社会的历史。"并从生产者（the producer）、媒介（the medium）、信息（the message）和消费者（the consumer）4个角度探讨了地图在人类交流中扮演的角色。他给地图下的定义是："地图是世界的图画，体现了艺术描绘、科学探索，以及我们看待和理解周围土地的方式的变化。它们是物质对象、社会文献和历史文物。"并提醒读者，应注意地图学的历史"都带有经济和政治权力的印记"。该部分附图为一幅现代计算机生成的

（接上页）1990—2002年，任美国雪城大学地理系和马克斯维尔公民与公共事务学院教授（Department of Geography, The Maxwell School of Citizenship and Public Affairs, Syracuse University）。2002—2005年，任马里兰大学巴尔的摩分校地理和环境系统系主任和教授（Chair and Professor, Department of Geography and Environmental Systems, University of Maryland Baltimore County）。2005年至今，任UMBC公共政策学院教授（School of Public Policy）。他的主要研究兴趣包括城市、环境问题、地图学史、政治地理学。肖特教授是一位高产的学者，已出版50余部作品，被译成十多种语言，部分有中译本：（美）丽莎·本顿·肖特、约翰·雷尼·肖特著：《城市与自然》（*Cities and Nature*, 2nd ed., 2013），南京：江苏凤凰教育出版社，2017年。（美）约翰·雷尼·肖特著，张淑芬译：《多维全球化：空间地域与当代世界》（*Global Dimensions: Space, Place and The Contemporary World*. Reaktion University of Chicago Press, 2001），福州：海峡文艺出版社，2003年。（英）约翰·伦尼·肖特著，郑娟、梁捷译：《城市秩序：城市、文化与权力导论》（*The Urban Order. Blackwell*, 1996），上海：上海人民出版社，2015年。

澳大利亚地图、一幅位于加州毕晓普的岩画、一幅赫里福德世界地图、一幅托勒密肖像画、一幅拼图地图。

（2）比例尺和投影（Scale and Projection）。该专题介绍了地图学中的两个重要术语：比例尺和投影，重点讨论了比例尺导致的失真，以及投影的地图扭曲。肖特认为，所有地图都是在对区域、位置、方向三者的准确性进行权衡之后的结果。文后附图为一幅16世纪塞浦路斯地图和三幅伦敦某地区不同比例尺的地图。还展示了罗宾逊投影（Robinson Projection）、汉莫尔投影（Hammer Projection）、古德投影（Goode Projection）、正弦投影（Sinusoidal Projection）四种投影的形态。

（3）方位（Orientation）。该专题讨论了不同时期和不同宗教信仰影响下的地图方位，认为目前惯常使用的上方为北的地图并非必然。通过例证，作者指出：地图的方向往往是隐性判断和对世界的特殊看法的结果，地图的方向决定了我们看地图的方式，也决定了我们看世界的角度。附图为一幅中世纪T—O世界地图、一幅克什米尔谷地地图和一幅世界通用校正地图。

（4）符号、画和分布（Symbols, Pictures, and Plans）。该专题就地图表示世界的三种方式：符号、画和分布，做了全面扼要的分析，指出各自优缺点。肖特认为，制图史上不同表现方式的转变既有损失也有收获。附图为一幅显示18世纪江西省行政区划的地图、一幅现代计算机生成的立体地图、一幅19世纪的费城地图，以及一幅16世纪北威尔士郡的地图。肖特还介绍了表示地图海拔高度的不同方法。

（5）栅格网（The Grid）。肖特将栅格网的发明视为一场重大革命，重点介绍了经度和纬度。他认为栅格网意味着一种概念上的能力，可以用纯粹的空间术语来想象这个世界，构建了我们看待和表现空间的方式。附图为一幅17世纪亨里克斯·洪迪厄斯（Henricus

Hondius）绘制的世界地图、一幅西半球球形栅格图、一幅显示经度和时区的现代世界地图。肖特还介绍了约翰·哈里森（John Harrison）在测量经度上所做出的成就。

（6）沉默与谎言（Silences and Lies）。肖特认为地图是技术产品，也是社会产品，因为测绘不仅是一项技术工作，也是一种社会和政治行为，而沉默与谎言就是地图的社会技术。他将地图传递的信息归纳为两个故事：一个是地图中的故事，包括物理、社会和政治描述；另一个是地图的故事，指的是地图生产和消费过程的故事，而这两个过程都充满了沉默与谎言的技术。肖特认为，从某种意义上说，所有的地图都存在谎言。该部分附有一幅 1944 年由英国战俘绘制的德国汉堡地图，以及 1926 年 5 月英国大罢工期间的秘密地图。

第二章标题为《最早的地图》（The Earliest Maps）。最早，并不是一个绝对的时间概念，而是对应于不同人群的一个相对概念，分 5 个专题对世界各地不同人群的早期地图做了介绍。

（1）岩石上的地图（Maps Carved on Rocks）。讨论了理解史前岩石地图的存在的四个问题，分别是岩石地图为何存在？其关键线索是什么？此类岩画是否为地图？其年代是否可靠？尽管对早期地图提出了质疑，作者还是认为地图绘制是早期人类社会的重要组成部分，一部分是对世界的记录，一部分呈现象征性姿态。附图为铁器时代的地形图，约 17—19 世纪的波尼族星图。此外肖特还介绍了最早的星图——英格兰巨石阵。

（2）早期的非洲岩石地图（Early Rock Maps in Africa）。该专题介绍了早期非洲岩石地图的发展情况。附有一幅夸祖鲁－纳塔尔省（Kwazulu-Natal）的岩刻和一幅纳塔尔（Natal）竹山板岩画局部图。

（3）解译世界各地的岩画地图（Interpreting Rock Art Maps Around the World），介绍了南北美洲、北极地区和澳大利亚的发现的岩石地图。附有一幅纳斯卡线条图、一幅爱达荷州岩石地图。

（4）狩猎采集者的地图（The Maps of Hunter-Gatherers）。该专题追溯了约4万年前狩猎采集者绘制的古老地图。作者认为这些地图具有实质用途，包含了多汁浆果的位置、动物迁徙的路线以及猎取富含蛋白质的动物的最佳地点等空间知识。地图和制图图案出现在狩猎采集社会的日常物质文化中，这些古老的地图在使该时期的人类保持物质世界和精神世界的一致上发挥了关键作用。附有一幅19世纪楚科奇海豹皮地图和该图的细节图。

（5）土著地图学（Indigenous Cartographies）。主要以澳大利亚土著地图为例介绍了土著地图学，并指出近些年土著地图已经成为了"发明"的传统，沦为了商品。随文附有一幅老米克·沃兰卡里（Old Mick Walankari）的蜜蚁之梦、一幅1988年土著地图马赛克。

第二部分《古代世界》，该部分由第三章《古代世界》与第四章《古典世界的地图》构成。

其第三章《古代世界》（The Ancient World）实际上是上古世界的地图。

（1）地图与农业的兴起（Maps and the Rise of Agriculture）。作者以美索不达米亚平原地区的农业发展为例，指出一种更加注重田地系统和财产关系的制图传统的兴起，是从狩猎采集的生产方式向定居农业的转变的标志。这一时期的地图绘制以土地所有权、土地管理和城市中心为主导。附图为大约公元前500年的美索不达米亚西帕尔泥板地图，以及一幅古埃及莎草纸的来世地图，一幅约公元前2300年的加苏尔（Gasur）地图。

（2）地图与城市文明的发展（Maps and the Development of Urban Civilization），以巴比伦为例介绍了城市地图的兴起。附有一幅美索不达米亚泥板地图的城市碎片，以及一幅门多萨手抄本中的特诺奇蒂特兰（Tenochtitlán）地图。

（3）南亚地图（Maps of South Asia）。依据已有研究，作者认为古代南亚文明非常关注地理和宇宙学知识，但实际绘制地图的证据非常少。他引用南亚地图专家约瑟夫·施瓦茨贝里（Joseph Schwartzberg）的观点，认为一方面南亚炎热、潮湿的环境不利于地图保存，另一方面南亚人民对陆地测绘缺乏兴趣，对于文化精英来说，宇宙学比历史或地理更重要。附有一幅19世纪末的克什米尔斯利那加的莫卧儿地图，以及一幅15世纪耆那教世界宇宙图。

第四章《古典世界的地图》（Maps of the Classical World），主要讨论了古希腊、古罗马地图，并专门讨论了托勒密地图。

（1）古希腊地图学（Cartography in Ancient Greece）部分，介绍了以荷马（Homer）、阿那克西曼德（Anaximander）、埃拉托色尼（Eratosthenes）为代表的古希腊地图学发展。作者认为古希腊是一个为探索、征服、贸易和求知欲而广泛制作和使用地图的社会。附图为一幅15世纪的西班牙和葡萄牙地图，以及一幅爱奥尼亚硬币地图，并附文介绍了欧几里得的数学成就对地图学的贡献和古典文明的含义。

（2）古罗马的地图（Maps of Ancient Rome）部分，列举了古罗马对地图的实际利用，作者认为空间知识对罗马帝国的建立和维持起到了至关重要的作用。附图为一幅公元203—208年的罗马城市地图（Formis Urbis Romae）城市地图、一幅约公元400年波伊廷格地图的细节。

（3）克劳迪乌斯·托勒密（Claudius Ptolemy），在介绍托勒密在地图学上的成就及其代表作《地理学指南》（*Guide to Geography*）之后，作者强调了托勒密代表着古希腊和古罗马地图学的顶峰。附图为一幅约15世纪出自托勒密《地图学指南》中的世界地图、一幅托勒密的圆锥投影示意图和一幅伪圆锥投影示意图。附文介绍了托勒密的占星学成就及其与地图学之间的关系。

（4）拜占庭的地图（Maps of Byzantium），该部分罗列为数不多的拜占庭地图遗产，认为拜占庭帝国最大的地图学遗产是将知识从古典世界传递到“现代”世界。附图为一幅公元542—565年的马代巴（Madaba）马赛克地图。

第三部分《中古世界》，该部分用五、六、七三章，讨论了中世纪时期欧洲、伊斯兰、中国和远东的地图学成就。

其第五章《中世纪欧洲地图》（The Maps of Medieval Europe），分世界地图、波特兰海图和地图集、国家与区域地图三个专题。

（1）世界地图（Mappaemundi），介绍了出现在中世纪欧洲的一种名为Mappaemundi的世界地图，重点介绍了这类地图的三种形制，分别是：三分式（Tripartite）、条带式（Zonal）、过渡式（Transitional）。附图为一幅约1260年的诗篇地图（The psalter map）、一幅约1320年彼得罗·韦康特绘制的Mappaemundi、一幅约1350年绘制的希格登mappa mundi（Higden mappa mundi）。附文介绍了出现在第一章的赫里福德世界地图。

（2）波特兰海图和地图集（Portolan Charts and Atlases），对最早诞生于13世纪的欧洲的波特兰海图及随后出现的波特兰地图集做了详细的讨论。附图为一幅约1500年的科萨海图、两幅1547年出自《瓦拉尔地图集》（*Vallard Atlas*）的波特兰海图。附文介绍了地图和指南针的关系。

（3）国家和区域地图（National and Regional Maps）专题，则列举了一些中世纪为数不多的国家地图和地方地图。附有一幅约1360年的高夫（Gough）地图。

第六章《伊斯兰世界的地图》（The Maps of the Islamic World），

分别讨论了伊斯兰地图学概况、世界地图的主要特征、区域地图的代表作，以及天文学。

（1）伊斯兰地图学（Islamic Cartography），通过对8世纪以来伊斯兰地图学的梳理，重点介绍了伊斯兰世界的宇宙地图（Cosmographical maps）和天体制图（Celestial mapping）。附图为一幅黄道十二宫星座图。

（2）伊斯兰世界地图（Islamic World Maps），在介绍现存最早和最著名的伊斯兰世界地图基础上，总结了伊斯兰世界地图的4个主要特征：一是绘制范围显示世界总体情况而非细节；二是以中东为中心；三是很大程度上借鉴了托勒密制图传统；四是绘图灵感既来自数学，也来自宗教。附有一幅1456年伊德里西（Al-Idrisi）绘制的世界地图，一幅1571—1572年the al-Sharafi al-Sifaqsi家族绘制的伊斯兰世界地图。

（3）伊斯兰区域地图（Islamic Regional Mappings）则介绍了伊斯兰复兴时期（Islamic Renaissance）的区域地图代表作，其中中东和北非作为伊斯兰帝国的中心是最容易和最经常绘制地图的地区。附图为一幅1571—1572年谢拉菲·希法格思（the al-Sharafi al-Sifaqsi）家族成员绘制的伊斯兰航海图。

（4）伊斯兰天文学（Islamic Astronomy），该专题介绍了促进伊斯兰天体制图发展的天文仪器星盘以及伊斯兰制作的天球仪（Celestial globes）和浑天仪（armillary sphere），以及一本10世纪的星谱《恒星之书》（*Book of the Constellations of the Fixed Stars*）。附有一幅伊斯兰天球仪图、一幅星盘构造图、一幅《恒星之书》中的细节图。

第七章《中国和远东》（China and the Far East）。

（1）中国地图史，从兆域图开始，对放马滩木板地图以及裴秀、贾耽、朱思本、郑和，至于利玛窦等人的地图学成就，作了非常扼要的介绍，并附了一幅 19 世纪朝鲜绘制的中国十三省图、一幅 18 世纪的大运河图、一幅 1229 年的平江图。

（2）远东的地图（Map of the Far East），主要介绍日本、朝鲜两国的地图学。日本重点介绍了行基图（Gyoki maps）和丈地图。朝鲜主要介绍了名为天下图（Ch' onhado）的世界地图、大比例尺地图以及名为形势图（hyongsedo）的风水性质地图等。作者指出，日本和朝鲜地图学都受到了西方影响。该专题附图为一幅 19 世纪的朝鲜世界地图。

第四部分《第一个探险时代》，共有八、九、十、十一、十二 5 章。第八章《新世界的地图学传统》（Cartographic traditions of the New World），分别介绍了中美洲、南美洲、北美洲的地图学。

（1）中美洲地图（Maps of Mesoamerica），介绍了四种类型的地图，分别是带有或未带历史叙事的陆地地图（terrestrial maps with and without a historical t narrative）、宇宙地图（cosmographical maps）、天体地图（celestial maps），并扼要介绍了 16 世纪上半叶西班牙人到达中美洲前后的不同制图图景。附图为一幅 16 世纪的《努塔尔手抄本》中的米斯特克地图（Mixtec map, Codex Nuttall）、一幅约 1555 年《金斯堡手抄本》中特佩特劳兹托克城地图（Tepetlaoztoc, Codex Kingsborough）。

（2）南美洲地图（Maps of South America），作者找到了三种类型的本土地图：天体地图（celestial maps）、土著人在欧洲人要求下绘制的地图（maps made at the behest of Europeans by indigenous people），以及由欧洲人绘制但受当地空间概念影响的地图（maps made by Europeans but influenced by local conceptions of space）。重点介绍了沃尔特·罗利爵士（Sir Walter Raleigh）在 1595 年左右绘制

的圭亚那地图（map of Guyana）和印加人绘制的地图。附图为沃尔特·罗利爵士绘制的圭亚那地图。

（3）北美洲地图（Maps of North America）。在与欧洲人接触之前，北美洲的地图实例非常少。虽然土著会在白桦树皮的内侧绘制并刻上地图，但是与南美洲类似，一方面许多北美地图是为早期欧洲定居者绘制的，但另一方面为殖民当局绘制的北美地图也借鉴了土著制图师的知识。附图为一幅1723年的奇克索地图、一幅加拿大诺特卡的史前石刻图。附文介绍了美国土著纳瓦霍人的朴素宇宙观。

第九章《绘制新世界》（Mapping New Worlds），主要讨论了欧洲人对探险所至地区的测绘，地图是欧洲人纳入和占有海外领土的重要技术。

（1）绘制南美洲地图（Mapping South America）部分，作者以重要制图师和地图作品为线，分别介绍了出现在马丁·贝海姆（Martin Behaim）、胡安·德拉科萨（Juan de la Cosa）、乔瓦尼·马泰奥·孔塔里尼（Giovanni Matteo Contarini）、马丁·瓦尔德塞弥勒、菲利普·阿皮安（Philip Apian）等人地图作品上的南美洲。附图为一幅约1506年孔塔里尼绘制的世界地图。附文则介绍了欧洲人对美洲的发现和探索的历史过程。

（2）绘制北美洲地图（Mapping North America），介绍了威尼斯探险家约翰·卡伯特（John Cabot）、法国人雅克·卡蒂埃（Jacques Cartier）和萨米埃尔·德尚普兰以及英国沃尔特·雷利爵士、托马斯·哈里奥特（Thomas Harriot）和约翰·怀特（John White）等人对北美洲的探险和测绘实践。附图为一幅约1585年约翰·怀特绘制的英国人抵达弗吉尼亚州的地图，以及一幅1612年萨米埃尔·德尚普兰绘制的新法兰西地图。

（3）绘制太平洋地图（Mapping the Pacific），介绍了16世纪荷

兰探险家麦哲伦（Ferdinand Magellan）的环球航行以及17世纪荷兰航海家阿贝尔·塔斯曼（Abel Tasman）、18和19世纪早期英法两国的探险队对太平洋的探索。附图为一幅17世纪早期阿贝尔·塔斯曼绘制的南太平洋地图、一幅18世纪晚期詹姆斯·库克船长绘制的新西兰海图，以及一幅1544年巴蒂斯塔·阿涅塞绘制的呈现麦哲伦远航的世界地图。

（4）海洋地图集的发展（The Development of the Sea Atlas），介绍了16世纪威尼斯制图师巴蒂斯塔·阿涅塞的地图集以及16世纪末出现的荷兰制图师卢卡斯·扬松·沃恩纳尔（Lucas Janszoon Waghenaer）制作的地图集《航海之镜》（*Spieghel der Zeevaerdt*）和《航海宝藏》（*Thresoor der Zeevaerdt*）。17世纪初，荷兰地图制造商威廉·布劳（Willem Blaeu）又出版了《航海之光》（*Licht der Zeevaerdt*）和《海镜》（*Eeste deel der Zeespiegel*）。附图为一幅沃恩纳尔绘制的海洋地图集插图，还有一幅卢卡斯·扬（Lucas Jans）绘制的荷兰海图。

第十章《欧洲文艺复兴时期的地图》（Maps of the European Renaissance）由4个专题组成：

（1）托勒密和文艺复兴（Ptolemy and the Renaissance），介绍了文艺复兴时期对托勒密《地理学指南》的翻译和更新工作，而《地理学指南》各版本的作者构成了文艺复兴时期制图师的"名人录"：尼古劳斯（Nicolaus）和约道库斯·洪迪厄斯（Jodocus Hondius），格拉尔杜斯·墨卡托（Gerardus Mercator），塞巴斯蒂安·明斯特尔，约翰·勒伊斯，伯纳德斯·西尔瓦努斯（Bernardus Sylvanus）和马丁·瓦尔德塞弥勒。作者认为，托勒密相关著作的出版是继《圣经》之后文艺复兴时期最重要的印刷项目之一，也是16世纪创造性地图学的主要推动力。附图为一幅托勒密之后的世界地图、一幅来自

1482 年版托勒密《地理学指南》中的不列颠群岛地图（Prima Europa Tabula），以及一幅托勒密世界地图。

（2）宇宙学（Cosmography），主要介绍了彼得·阿皮安（Peter Apian）的《宇宙志》（*Cosmographia*）的版本流传和特点，以及1540 年出版的《御用天文学》（*Astronomicum Caesareum*）一书。附图为三幅阿皮安《宇宙志》中的插图。附文介绍了哥白尼的天文学成就。

（3）地图杂谈（Map Miscellanies），介绍了 1493 年出版的《纽伦堡纪事》（*The Nuremberg Chronicle*）和德国学者塞巴斯蒂安·明斯特尔及其代表作《宇宙学》（*Cosmography*）。附图为一幅 1495 年《纽伦堡纪事》中的纽伦堡景象图、三幅取自明斯特尔《宇宙学》中的耶路撒冷、巴比伦、威尼斯图。附文介绍了一位 16 世纪有名的人物——天文学家约翰·迪伊（John Dee）。

（4）地图学和测量（Cartography and Surveying），介绍了杰玛·弗里修斯（Gemma Frisius）的《地方描述手册》（*Libellus de Locorum Describendorum Ratione*，英译为：*Booklet Concerning a Way of Describing Places*）、克里斯托弗·萨克斯顿的《英格兰和威尔士地图集》（*Atlas of the Counties of England and Wales*）、约翰·诺登（John Norden）的《温莎荣誉描述》（*Description of the Honor of Windsor*）地图学著作中体现的测量学问题。附图为两幅 17 世纪不同时期的圆周仪图、一幅 1574 年测量员的折尺图、一幅 1607 年诺登绘制的温莎庄园地图、一幅伽利略的三角测量图解。

第十一章《国家地图》（National Maps），由 3 个专题构成。

（1）绘制国家的领土（Mapping National Territories），重点介绍克里斯托弗·萨克斯顿在 1579 年完成的欧洲的第一部国家地图集，这是英国地图学的一个里程碑。附图为两幅约 1580—1590 年蒂莫西·庞特（Timothy Pont）绘制的邓迪（Dundee）细节地图和泰湖（Loch Tay）地图、一幅 1579 年萨克斯顿的《英格兰和威尔士地图集》插图、一幅 1546 年乔治·利利（George Lily）的英格兰地图。

（2）英格兰的区域制图（Regional Mappings in England），介绍了继萨克斯顿之后的另外一位制图师约翰·诺登绘制国家和区域地图的努力。附图为一幅约 1612 年约翰·斯皮德（John Speed）绘制的威尔特郡地图、一幅 1593 年诺登的米德尔塞克斯郡地图、一幅 1579 年萨克斯顿地图集中的康沃尔郡地图。

（3）绘制文艺复兴时期的城市（Mapping The Renaissance City），介绍了文艺复兴时期“前景”视图（从侧面）、“平面”或“空中”视图（从正上方）以及“鸟瞰”（从上方斜视）三种视角的城市图，以及 16 世纪的城市地图集。附图为一幅约 1502 年达·芬奇绘制的伊莫拉城图、一幅 1500 年德巴尔巴里（De’Barbari）绘制的威尼斯城图。

第十二章《地图集制作者》（The Atlas Makers）。

（1）《寰宇全图》（The Great Theatrum），介绍了亚伯拉罕·奥特留斯（Abraham Ortelius）生平及其代表作《寰宇全图》的简要内容和版本流传情况。附图为四幅出自《寰宇全图》的地图。

（2）墨卡托的《地图集》（Mercator’s Atlas），介绍了为地图集“atlas”提供命名的墨卡托生平及其地图学成就。1594 年墨卡托去世后，其子于 1595 年出版的地图集是最著名的墨卡托地图集。墨卡托被世人熟知除了他的地图集外，还因为他所创设的墨卡托投影，为当时的航海者提供了宝贵的指引。附图为三幅 1595 年墨卡托的北极、美洲和冰岛图以及一幅双半球世界地图和墨卡托肖像图。

（3）大地图集、天体地图集和城市地图集（Grand Atlases, Celestial Atlases, and City Atlases），主要介绍了 17 世纪的荷兰“大

地图集”，其中最有名的是威廉·布劳家族的地图生产事业。威廉的儿子约安（Joan）在1663年至1665年间主持出版的《大地图集》（*Grand Atlases*）标志着17世纪荷兰地图学的高潮。附图为两幅《大地图集》中的世界地图和非洲地图。附文介绍了1660年扬·扬松（Jan Jansson）印刷的安德烈亚斯·塞拉里于斯（Andreas Cellarius）的天体地图集（*Atlas Coelesti*）以及由格奥尔格·布劳恩（Georg Braun）和弗朗斯·霍根伯格（Frans Hogenberg）绘制的第一部城市地图集《世界城市》（*Civitates Orbis Terrarum*），并各附上了两部地图集中的一幅插图。

第五部分《殖民时代的地图绘制》，该部分共有5章，叙述了殖民时代各区域的地图测绘。

第十三章《大英帝国的制图》（The Mapping of The British Empire），有如下专题：

（1）地图作为帝国的主张：英国和法国在北美（Maps as Imperial Claims: The British and French in North America）。该专题以17、18世纪英国和法国在北美竞争中制图实践为例，讨论了地图作为政治武器的方法。附图为一幅1733年波普尔（Popple）的美国地图、一幅1718年德利尔的《路易斯安那地图》（Del’Isle’s Carte de la Louisiane）、一幅1636年桑松（Sanson）的新法兰西地图（Nouvelle France）。附文介绍了17、18世纪英帝国的扩张。

（2）有争议的主张（Disputed Claims）。该部分讨论了英国对北美领土的地缘政治诉求。由于对波普尔绘制地图的不满，1750年英国要求约翰·米切尔（John Mitchell）重新绘制殖民地地图。米切尔在新绘制的地图中修正了英国议员们对波普尔地图的不满。附图为两幅1755年米切尔绘制的北美地图。

（3）澳大利亚的地图绘制（The Mapping of Australia），则介绍

了从库克船长开始到弗朗西斯·福克斯（Francis Fowkes）、马修·弗林德斯（Matthew Flinders）、约翰·奥克斯利（John Oxley）、托马斯·米切尔（Thomas Mitchell）等人对澳大利亚的探索和测绘实践。附图为一幅 1778 年弗朗西斯·福克斯绘制的悉尼海湾地图，以及一幅约 1814 年马修·弗林德斯绘制的未知南方大陆图（Terra Australis）。

（4）印度的地图绘制（The Mapping of India）。该专题介绍了 18 世纪英国殖民者在印度的地图绘制，主要讨论詹姆斯·伦内尔（James Rennell）和威廉·兰布顿（William Lambton）的“三角测量大行动”（Great Trigonometrical Survey）。附图为一幅呈现乔治·埃佛勒斯（George Everest）在印度活动的图像、一幅 1837 年呈现印度三角测量大行动的地图。

（5）非洲的地图绘制（The Mapping of Africa），讨论了 19 世纪英国人对非洲的探索活动所留下的地图。附图为一幅 1872 年的鲁伍马河和利文斯通医生（Dr Livingstone）最后一次旅行的路线、一幅 1841 年的尼日尔河和查达河（Chadda）的部分图、一幅 1859 年利文斯通绘制的奇尔瓦湖（Lake Shirwa）地图。

第十四章《启蒙运动对地图绘制的促进作用》（The Enlightenment as a Spur to Mapping），由 2 个专题构成。

（1）地图学和启蒙运动（Cartography and the Enlightenment），讨论了启蒙运动时期英法两国在地图学和测绘学上的成就。附图为一幅 1702 年埃蒙德·哈雷（Edmund Halley）绘制的世界变化图。附文解释了启蒙运动的背景和亚历山大·冯·洪堡（Alexander von Humboldt）的地图学成就。

（2）绘制启蒙运动城市图（Mapping The Enlightenment City），主要介绍了启蒙运动时期不同城市的地图绘制。1739 年，路易·布勒泰（Louis Bretez）绘制了巴黎地图、1746 年约翰·罗克（John Rocque）绘制了伦敦地图、1748 年詹巴斯蒂塔·诺利（Giambattista Nolli）绘制了罗马地图 1753 年彼得大帝委托帝国科学院（Imperial Academy of Sciences）绘制圣彼得堡城市地图。附图为一幅 1739 年杜尔哥委托、布雷特斯绘制（Turgot/Bretex）的巴黎地图节选、一幅 1744 年罗克的伦敦地图。附文介绍了消防保险地图（fire insurance maps）。

第十五章《绘制一个崭新的国家》（Mapping a New Nation），主要叙述了测绘美国的早期历史。

（1）在美利坚共和国早期创建国家认同（Creating National Identity, in the Early US Republic），通过介绍了 1794 年美国的爱尔兰移民马修·凯里（Mathew Carey）为了服务于新的共和国以新的文本出版了《格思里地理学》（*Guthrie's Geography*），并配上了《美国地图集》（*American Atlas*）和《通用地图集》（*the General Atlas*），揭示地图构建国家认同的重要作用。附图为两幅分别出自凯里两部地图集的美国地图、一幅凯里绘制的田纳西州地图。附文介绍了美国革命和美国发展的背景。

（2）新国家的新国家地理学（New National Geography for a New Nation），介绍了为美国创建国家地理学的核心人物约翰·梅莉什（John Melish）的生平及地图学成就。附图为一幅 1813 年约翰·梅莉什绘制的美国地图细节图。

（3）国土勘测（Surveying The National Territory），介绍了 19 世纪上半叶美国对西部“未开发领土”（unexplored territory）的探索实践。附图为一幅刘易斯与克拉克（Lewis and Clark）笔记本图像、一幅刘易斯与克拉克远征图。

（4）伟大的测绘（The Great Surveys），介绍了美国南北战争后联邦政府主导，分别由克拉伦斯·金（Clarence King）、乔治·惠勒（George Wheeler）、费迪南德·海登（Ferdinand Hayden）、约翰·韦斯利·鲍威尔（John Wesley Powell）带队的对西部地区进行的四次大型测绘对于美国国家构建的价值。附图为一幅出自1871年惠勒测绘的地图。

（5）绘制国家社区地图（Mapping National Communities），该专题介绍了19世纪末美国制作的城市、县、州的地图集。附图为一幅1887年波士顿城市图、一幅1885年亚利桑那州凤凰城鸟瞰图。附文介绍了美国地质勘探局。

（6）弗朗西斯·沃克（Francis Walker）的统计地图集（Francis Walker's Statistical Atlas），该专题讨论了以地图形式呈现人口普查数据的最早尝试之一——1874年的弗朗西斯·沃克的《美国统计地图集》。肖特指出，沃克的地图集是最早的国家地图集之一，而国家地图集不仅在地图上代表国家，而且使国家合法化和正当化，国家地图集所描绘的内容也在很大程度上揭示了国家社会中的权力。沃克的地图集促使人们根据人口普查数据编纂其他地图集，其影响一直持续到20世纪。附图为一幅出自1874年沃克的《美国统计地图集》中的图表和一幅出自该地图集的地图。附文介绍了杰利蝾螈（gerrymandering）一词的来由。

该章6个专题从不同侧面阐述了测绘地图在美国这个新国家的建立与发展过程中所扮演的重要角色，及其深远的意义。

第十六章《地图学的相遇》（Cartographic Encounters）。

（1）东南亚的地图（Maps of Southeast Asia），在该专题作者扩展了地图的定义。重点介绍了现藏于剑桥大学图书馆的掸邦地图（The Shan map），以及东南亚的蜡染技术对地图学的帮助。附图为一幅吴哥窟印度教寺庙影像、一幅1859年的中缅边境的掸邦地图。

（2）中亚的地图（Maps of Central Asia），介绍的是西藏地区和蒙古的地图绘制。附图为一幅约 20 世纪的扎日（Tsa–Ri）地区地图。

（3）撒哈拉以南非洲的土著地图（Indigenous Maps of Sub–Saharan Africa），该部分介绍了埃塞俄比亚、卢巴人、索科托和喀麦隆等撒哈拉以南的非洲土著及国家制图。附图为一幅 1859 年的提格雷人环形地图（Tigreancircle map）、一幅 1912 年喀麦隆恩乔亚国王王国平面图。

（4）奥斯曼帝国的地图学（Ottoman Cartography），该专题从军事和学术两方面介绍了奥斯曼帝国的地图，重点介绍了奥斯曼帝国的对地图学的重要贡献——图文并茂的历史。附图为一幅约 1521 年皮里·雷斯绘制的尼罗河图、一幅约 1537 年西拉赫（Al–Silahi）绘制的伊斯坦布尔城图。附文介绍了奥斯曼帝国的历史背景。

第十七章《通用地图绘制》（Universal Mapping）。

（1）统治波涛（Ruling the Waves），主要介绍了 17 世纪后期的英国和法国的海洋制图实践。附图为四幅 1995 年厄尔尼诺现象的卫星地图、一幅拉彼鲁兹航行（La Perouse’s voyage）的世界地图。

（2）绘制南极洲（Mapping Antarctica），则介绍了自库克船长完成了对南极洲的首次环游以来，美国、法国和英国的探险队对南极洲的探索和地图绘制。附图为一幅 1714 年纪尧姆·德利尔（Guillaume Delisle）绘制的极地投影图、一幅现代均衡彩色卫星影像图。附文介绍了库克船长的事迹。

（3）19 世纪的城市地图（19th–century City Maps），主要介绍了“实用知识传播协会”（Society for the Diffusion of Useful Knowledge）所绘制的众多城市地图。附图为一幅 1833 年的 SDUK 维也纳地图、一幅约 1865 年美国托皮卡城市规划图、一幅 1840 年的 SDUK 纽约地图。

第六部分《绘制现代世界》，该部分在前述各章基础上，对地图的文化与权力问题展开阐述。

第十八章《专题地图》（Thematic Maps），通过 5 个专题呈现了专题地图的技术与对象。

（1）路线和方向（Route ways and Flows），主要讨论了显示路线和道路的行程图（itinerary maps）。附图为一幅 1675 年来自约翰・奥格尔比（John Ogilby）的《大不列颠》（*Britannia*）的道路图、一幅美国当代灰狗巴士线路图。附文介绍了心像地图（mental maps）的涵义。

（2）分级与表面（Hierarchies and Surfaces），主要讨论地图表达上的层次和色彩，以及可以显示人和动物移动的流动地图（mapping of flows），并介绍了法国人夏尔・约瑟夫・米纳尔（Charles Joseph Minard）的地图作品。附图为一幅当代世界城市分析图、一幅 1791 年迪潘 – 特里尔（Dupain–Triel）绘制的法国等高线图。附文介绍了伦敦地铁地图。

（3）绘制社会差异（Mapping Social Difference），介绍了可以体现诸如宗教、城市问题等人类社会特征和社会问题的地图。附图为一幅 1898—1899 年查尔斯・布思（Charles Booth）绘制的伦敦贫困地图、一幅 1850 年英国陆地测量局地图。

（4）绘制疾病与道德（Mapping Disease and Mapping Morality），主要讨论了起源于 19 世纪的疾病地图和道德地图。作者认为，地图是被绘制出来帮助理解社会变化及其后果的工具。疾病地图绘制了霍乱等公共卫生问题，而“道德测绘”已经成为地图学的一个合法分支。附图为一幅 1865 年斯诺（Snow）的霍乱病例图、一幅 1842 年埃德温・查德威克（Edvin Chadwick）绘制的出自《劳动人口的卫生条件报告》（Report on the Sanitary Conditions of the Labouring Population）

的地图。

（5）绘制地质、气候和天气（Mapping Geology, Climate, and Weather），介绍了英国测量师威廉·史密斯（William Smith）绘制的地质图，以及 17 世纪以来的气象制图的发展和不同类型。附图为一幅 1815 年威廉·史密斯绘制的英格兰、威尔士和部分苏格兰地层的划分、一幅显示臭氧耗损的当代地图、一幅计算机生成的太平洋地图以及一幅 1874 年希契柯克（Hitchcock）和布莱克（Blake）绘制的美国地质图。

第十九章《地图与权力》（Maps and Power）。地图是权力的结果，也是表现权力的手段，为此作者从以下 4 个方面做了阐述。

（1）地图作为监控手段（Maps as a Means of Surveillance），主要讨论了地图作为监控手段的两个方面：一是将地图作为可视化和体现领土的一种手段，二是由对失去权力的恐惧所促成的地图绘制。附图为一幅 1775 年威廉·罗伊（William Roy）绘制的苏格兰地图。

（2）画线（Drawing the Line），该部分讨论了地图上画线的广泛政治意义和社会意义，这些地图上的线条塑造着现实。附图为一幅 1775 年的米切尔的北美地图、一幅 2001 年波黑特派团的克罗地亚—波斯尼亚地图（UNMIBH Map of Croatia-Bosnia）。附文介绍了后殖民时代的非洲国家划分问题。

（3）作为宣传的地图（Maps as Propaganda），主要讨论了地图的宣传作用。肖特认为，当地图使用选择性和夸张性来表述具体论点时，它们就进入了宣传的范畴，都是有选择地说出真相。附图为一幅 1940 年的战时宣传地图、一幅当代“宣传”地图、一幅约 1580 年丹特·伊尼亚齐奥（Dante Ignazio）绘制的被击溃的土耳其舰队图。

（4）地图与军事（Maps and the Military），两者的关系，一般认为为军事目的制作地图在地图学史上占据了重要的地位，战争促进了地图的生产，反之，人们也通过地图来描述战争。附图为一幅“二战”区域地图、一幅1775年查尔斯敦（Charlestown）半岛军事平面图。附文介绍了“二战”期间德国入侵立陶宛之后，当地犹太居民利用地图记录历史的故事，附上了一幅科夫诺犹太人区的地图。

第二十章《当代社会中的地图学》（Cartography in Contemporary Society）。

（1）假货和赝品（Fakes and Forgeries），讲述了文兰地图（Vinland Map）被证伪的过程。附图即为伪造的文兰地图。附文介绍了小吉尔伯特·布兰德（Gilbert Bland Jr）在美国各大图书馆盗窃地图藏品的故事。

（2）图版（Cartoversies），主要介绍了彼得斯投影（Peters projection）的兴起。由于彼得斯投影使用的是等面积投影，使人们认为这一投影克服了传统的富国与穷国相比面积夸大的问题，该投影被誉为对世界的非欧洲中心主义表述。附图为一幅彼得斯投影图、一幅古德投影图。

（3）今日地图学（Cartography Today），列举了现代地图区别于传统地图的三个方面。首先是计算机辅助制图，其次是地图称为地理信息系统的一个组成部分，最后是当代地图使用了遥感技术，而互联网的出现彻底改变了地图研究。附图为一幅当代中国的Landsat卫星图像、一幅火星图像、一幅美国航空航天局/戈达德太空飞行中心的显示城市化的当代地图。附文介绍了阿波罗号拍摄的地球图像。

该书作为一本极简地图学史，构建了世界地图学发展的脉络与世界历史的关系的框架，书中精选的地图基本上把握了世界历史进程的特点，是一部优秀的科普性质读物。但其宏大主题下的具体叙述遭到了弗朗西斯·J. 马内瑟科（Francis J. Manasek）的严厉批评，他在书评中指出了本书的众多概念错误和事实错误，以及由于孤立标题所导致的碎片化叙述等缺憾。

三、地图构建历史：区域、国家与世界史

与在地图史研究的同时呈现其所处的历史不同，在另一类研究中地图并不是地图史的史料，而是构建历史镜像的图像。这种思路并不完全来自现代或后现代理论，它也是图书编纂和历史研究传统的继承。因为利用地图来展现国家或地区的形象，在古旧地图再版的过程中是较为常见的思路，如 1984 年出版的《墨西哥形象：墨西哥图史》，[①] 是一本极薄的古旧地图册，收录 1 幅景观画和 6 幅地图，以呈现墨西哥的形象。而英文法文对照的唐纳德·勒蒙（Donald P. Lemon）《帝国戏剧：航海地图上的三百年》（1987），[②] 一图一注解的格式，实际上是一部将地图作为图像史料来图解历史的作品。这方面的作品较多，仅就所见略为介绍几种如下。

（一）彼得·巴伯《伦敦：地图上的历史》

2012 年出版的彼得·巴伯（Peter Barber）《伦敦：地图上的历史》（*London: A History in Maps*, London: The London Topographical Society, 2012），通过相对宽泛的地图定义，以博物馆展览样式的地图组合呈现伦敦城市物理空间与社会空间发展的进程。虽不是严格意义上的学术专著，但十分突出地反映了目前英国学术界对于伦敦城市历史发展的一般看法，是一本很好的古旧地图集合的伦敦史。

该书 2012 年由伦敦地形学会（London Topographical Society）和大英图书馆（British Library）合作出版，是 LTS 的第 173 种出版

① Salvat Mexicana de Ediciones, *Imagen de Mexico: Historia de la Ciudad de Mexico*, S.A. DE C.V., 1984. 横 4 开。

② Donald P. Lemon, *Theatre of Empire: Three Hundred Years of Maps of the Maritimes*, Saint John: McMillan Press Ltd., 1987.

物，其中文字版权归LTS所有，插图版权归BL所有。插图主要源自大英图书馆2006年11月到2007年3月举办的“伦敦：地图中的生活”（London: A Life in Maps）展览。起初，配合展览出版的书籍为彼得·惠特菲尔德（Peter Whitfield）的《伦敦：地图中的生活》（*London: A Life in Maps*），但是惠特菲尔德的书大致按时间排列，没有编目，缺乏连续性阐释，LTS意识到这一问题后，出版了彼得·巴伯的《伦敦：地图上的历史》。书前衬页地图摘自约翰·诺登的《不列颠之镜》（*Speculum Britainiae “Mirror of Britain”*）。据大英图书馆官网介绍，这幅初版于1593年的地图是“现代伦敦A—Z地图集”的前身，而该书选摘自诺登去世后于1653年重新发行的版本。后衬页《东印度码头景观图》（A View of the East India Docks）是威廉·丹尼尔（William Daniell）在1808年用凹版蚀刻法（Aquatint）绘制的铜版画，描绘了伦敦东部布莱克沃尔（Blackwall）新建的东印度码头。

全书共分为8个部分，仍大致按时间顺序排列，旨在呈现伦敦从一个围墙小镇发展为世界级城市的历史进程。

第一部分《城墙城市》（The Walled City, 50–1666）。从公元50年伦敦建城开始，借助绘画、硬币、金属徽章、地图等图像概要地回顾了1666年伦敦大火前16个世纪有余的城市历史。第一章描绘了伦敦最初的形象，包括其标志性的城墙以及教堂、城门等建筑。第二章聚焦文艺复兴时期的伦敦城市特征——皇家城市和河上景观。第三章将目光置于1550年以后，主要展示从泰晤士河畔所见的伦敦城市图像。第四章从伦敦的第一幅印刷地图和第一幅铜版地图入手讨论了大火前后的城市发展与扩张。第五章则用地图说明了伦敦在城市人口快速增长和宗教改革后的城市实况。可以看到，随着印刷技术和绘画技法的进步，文艺复兴以后不论是景观画还是地图，对伦敦城市景观的描绘都更加精细。

第二部分《重生之伦敦》（London Reborn）。用地图重现了1666年伦敦大火后的城市重建以及扩张、发展的过程。第一章首先选取灾后城市规划图、新教堂的尖顶以及火灾纪念碑等要素展现伦敦大火后的城市重建，接着讨论了约翰·奥格尔比和威廉·摩根（William Morgan）于1676年绘制的详细且精确的灾后伦敦地图。第二章首先介绍了在1691年和1698年大火中消失的怀特霍尔宫（Palace of Whitehall）平面图及鸟瞰图，随后介绍了从白金汉宫屋顶望去的伦敦城市鸟瞰图。第三章讨论了在伦敦城市重建过程中政府和商人、地主的获利途径。第四章讨论了伦敦西区的开发和建设，重点介绍了所谓富人区梅费尔（Mayfair）和贝尔格拉维亚（Belgravia）的早期地图。第五章描绘了伦敦在18世纪中期成为欧洲最大的城市和世界贸易中心到1780年戈登骚动（Gordon Riots）前的社会生活。

第三部分《"甜美、健康的空气"：伦敦的乡村》（"Sweet, Salutarie Air"：London's Countryside）。呈现了1600年以后泰晤士河两岸的城镇、村庄和乡村逐渐被纳入伦敦经济轨道的过程。第一章讨论了伦敦周边的村庄，巴伯指出："一个地方是否被绘制成地图取决于该地区能否被感知其重要性。"1680年以后，随着经济角色日益重要，伦敦周边村庄的地图逐渐多了起来，这些地图包括将伦敦置于中心的乡村地图、实测私人地产图、详细印刷乡村地图、伦敦近郊土地利用图、政府主导的地形测量图等。第二章列举了伦敦周边的几个大庄园地图，展现了这一地区从贵族宅邸到绅士别墅的演变。第三章介绍了由于伦敦工业化导致的负面影响促使伦敦富人到乡村购买别墅以保证家人健康，因此改善了乡村的教育和交通状况以及这一过程中产生的地图。

第四部分《视线之外：东区和码头区》（Out of Sight: The East

End and Docklands）。该部分讲述 17 世纪 50 年代之前在伦敦的印刷地图上被忽略的东区和码头区。第一章讨论了作为社会混合区的伦敦东区因为码头航运业和相关产业的发展，人口快速增加，为了应对这一现象，伦敦塔以东的贫困村落才被详细测绘出来。18 世纪 90 年代以后，伦敦东区的地图绘制才真正发展起来。第二章讨论了伴随伦敦港口的快速发展，催生了许多建设码头的现实需求以及建设过程中产生的码头相关地图和景观图。

第五部分《狂飙时代》（The Age of Improvement）。该部分主要展现 1750 年到 1850 年左右，伦敦在构建宏伟城市时产生的地图。第一章沿着伦敦商业发展轨迹首先讨论了理查德·霍伍德（Richard Horwood）绘制的《伦敦和威斯敏斯特城市规划图》（Plan of the Cities of London and Westminster）和几幅可能是托马斯·米尔恩（Thomas Milne）作品的图纸，接着讨论了伦敦扩建道路、修筑大桥以及挖建泰晤士河隧道等大型工程的图像。第二章首先介绍了亚当兄弟（Robert and James Adam）的建筑项目和官方效仿其工程建成的萨默塞特宫（Somerset House），接着介绍了海德公园角拱门、摄政公园（Regent’s Park）、摄政街（Regent Street）、特拉法尔加广场（Trafalgar Square）的开发和建设，最后列举了体现伦敦全貌的一些地图。巴伯认为这一时期伦敦城市建设涉及的详细地图和手绘、印刷的施工平面图，导致了纪念地图（commemorative maps）、景观图（views）、西洋镜（peepshows）和全景图（panoramas）的出版，体现了当时对视觉刺激的狂热追求。

第六部分《维多利亚时代伦敦的穷街陋巷》（The Mean Streets of Victorian London）。通过地图揭示 19 世纪下半叶伦敦面积和人口激增一倍后的社会问题。第一章介绍了伦敦应对人口和城市面积肆无忌惮增长的措施。第二章通过霍乱疫情地图、贫困区地图、伦敦东区犹太人地图、非伦敦籍伦敦居民分布图等地图展示了伦敦工业化后的环境问题、医疗问题等社会矛盾。第三章通过地图讨论了从第一批市中心外火车站诞生到车站逐步内迁又外扩后铁路带给伦敦城市发展和劳工阶级生活的变化。第四章讨论了伦敦在改造排污系统尝试中的图纸。第五章讨论了伦敦的城市公共空间改造以寻求更合理、健康、和谐的社会生活的尝试。第六章讨论了维多利亚时代后期和爱德华时代伦敦市中心道路系统的更新换代。第七章从天然气、电力、教育、医疗、酒精饮料等角度讨论了爱德华·斯坦福（Edward Stanford）绘制的详细伦敦地图。

第七部分《大都会区》(Metroland)。主要讨论“二战”前伦敦市周边的城市化发展。第一章讨论了20世纪初伦敦的城市功能分化，逐渐形成市中心、内城、内郊、外郊、花园郊区 Ordnance Survey、绿化带等多样化格局。第二章讨论了伦敦人在生活条件改善后热衷于骑行、郊游等活动，并且因此沟通城郊之间，商人及时抓住商机用地图吸引运动者的关注，陆地测量局也利用民众活动轨迹绘制相应地图。第三章介绍了构成伦敦宏伟面貌的传统景观，如教堂、剧院、俱乐部和一些商店，以及后来出现的博物馆区和电力、钢铁建筑出现后的大型建筑景观。第四章讨论了伦敦人使用的不同交通方式的地图，体现了从地上到地下的空间拓展。第五章讨论了从约翰·诺登到菲莉丝·皮尔索尔（Phyllis Pearsall）的“A—Z 地图集”出版这一过程中伦敦街道地图的发展。第六章讨论了德国对伦敦的空中轰炸作战地图以及破坏地图。

第八部分《现代伦敦的地图》(Maps in Modern London)。通过地图展现“二战”后伦敦城市的全面重建过程。第一章介绍了“二战”后伦敦城市建设的问题和总体规划。第二章介绍了伦敦在战后通过奥运会（The London Olympics of 1948）、英国节（Festival of Britain of 1951）、摇摆和酷伦敦（“Swinging” and “Cool” London of the 1960s and 1990s）等文化活动吸引了大量游客，再加上后来的金融建设，成功地保住了伦敦作为世界主要金融中心之一的地位。第三章介绍了呈现在地图上的当今伦敦以及这座城市未来可能面临的威胁。最后巴伯指出，地图在应对这些挑战方面发挥着重要作用，同时也反映和强调着伦敦人的世界观。

综上，本书从伦敦建城时的小镇开始，用大量图像史料描绘了其成长为世界金融中心的历史。需要指出的是，本书对地图概念的处理较为宽泛，虽名为“地图上的历史”，但是其中也包含了照片、绘画、建筑图纸、漫画等图像。巴伯用小标题总结了伦敦在不同阶段的特征，使读者在阅读过程中可以清晰捕捉，一定程度上弥补了本书在叙述上的碎片化。正如引言所述，巴伯对地图和景观图的使用超越了单纯的地形描绘，而是注重体现地图背后的制图者时代形象、关注点、假设、野心和偏见。

（二）西摩尔·施瓦茨《这是你的土地：美国的地理进程》

通过地图来阐述地区历史及其特性的思想，有着广泛的共鸣。西摩尔·施瓦茨（Seymour I. Schwartz）《这是你的土地：美国的地理进程》（2000），[①] 就是以地图为主线，讨论发生在美国土地上的地理探索、定居及变化，展示了各州被纳入到美利坚合众国的历史地理进程。《导论》中施瓦茨引用弗吉尼亚州詹姆斯敦的创始人之一约翰·史密斯（John Smith）的话“正如没有历史的地理像静止的尸骸，没有地理的历史就像没有固定住所的流浪汉”，以表明该书将历史与地理结合的必要性。施瓦茨认为地图可以“极大地强化描述国家演变

① Seymour I. Schwartz, *This Land is Your Land: the Geographic Evolution of the United States*, New York: Harry N. Abrams, Incorporated, 2000.

历史的文字”故选取地图直观地呈现这一进程。此外，他认为对美国地图学史和地理词汇演变的考察，能让读者更加深刻地理解伍迪·格思里（Woody Guthrie）所作的美国著名民谣《这是你的土地》（*This Land is Your Land*）及其中歌词“这片土地是为你我而造”（This land was made for you and me）的内在情感。

全书共有十四章。

第一章《最早的欧洲探索者》（Earliest European Probes）。本章从哥伦布最早登录美洲的一幅图画开始，讲述西方航海家对美洲的探索，逐次讨论了“美洲”的命名以及西班牙人、法国人、英国人在17世纪以前对北美内部的殖民开发和命名。

第二章《十七世纪早期的航海和定居活动》（Early-Seventeenth-Century Sailings and Settlements）。本章首先介绍了法国人在美洲大陆命名并建立魁北克定居点以及后来五大湖逐渐在地图上出现的过程。接着讨论了英国在弗吉尼亚和新英格兰的殖民活动。然后讨论了荷兰人紧随英国对北美大陆的初步探索。在荷兰退出北美大陆的同时，英国另外的马萨诸塞湾殖民地（Massachusetts Bay Colony）正蓬勃发展。1634年，威廉·伍德（William Wood）绘制的该地区第一张由定居者出版的木刻地图上出现了该殖民地的13个城镇。

第三章《完成最初十三个殖民地的建设》（Completing the Original Thirteen Colonies）。本章按新罕布什尔、缅因、康涅狄格、罗得岛、马里兰、新泽西、宾夕法尼亚和特拉华、卡罗来纳、佐治亚的顺序，依次进行了殖民地建立初期历史的讨论。

第四章《远离大西洋沿岸（1600—1750）》[Away from the Atlantic Coast（1600–1750）]。本章首先讨论了法裔加拿大人沿着五大湖区一直向西扩张到密西西比河的过程。接着讨论了西班牙人、法国人和俄罗斯人的探索。西班牙人命名了得克萨斯（Texas），1718

年法国制图师纪尧姆·德利尔的印刷《路易斯安那地图》（Carte de la Louisiane）上出现了这一名称。值得注意的是，关于加利福尼亚（California）是否为岛屿的争议反复出现，1625年，亨利·布里格斯（Henry Briggs）在伦敦出版的地图显示加利福尼亚是一个岛屿。1703年，基诺神父（Father Kino）的地图上仍有这一错误。直到西班牙国王费迪南德六世（Ferdinand VI）以皇家法令的形式声明加利福尼亚不是岛屿。在1779年迪迪埃·罗贝尔·德沃古德（Didier Robert de Vaugondy）的地图上，总结了从1604年到1767年加州地图绘制的各个阶段。在西班牙扩张的同时，18世纪早期，法国人建立了新奥尔良，并对今天的得克萨斯州、俄克拉荷马州、路易斯安那州和阿拉巴马州地区进行了反复的探索。18世纪上半叶末，丹麦船长维图斯·白令（Vitus Bering）在驶往俄罗斯的途中途经白令海峡，几十年后，俄罗斯人开始在北美大陆西北端定居。

第五章《英国取得北美大陆控制权》（Britain Gains Control of the Continent）。本章主要围绕英国取得北美大陆控制权的过程展开讨论。现在通称的法国印第安人战争（the French and Indian War）发生在1754—1763年，是英法两国在北美的殖民较量，施瓦茨指出：战争的结果是以牺牲被征服者的利益来扩大胜利者的土地所有权。这场战争结束后，英国获得了北美大陆的控制地位。除了对战争进程的描述，施瓦茨特别介绍了英法双方在全面战争开始前通过地图表明自己土地诉求的“地图战”。此外，还讨论了战后殖民地的调整及田纳西（Tennessee）、肯塔基（Kentucky）、俄勒冈（Oregon）、加利福尼亚的开发和命名。

第六章《一个国家的诞生》（A Nation Is Born）。本章首先讨论了北美大陆上日益紧张的局势和美国独立战争的具体进程，介绍了部分与战争相关的地点命名。随后讨论了美利坚合众国成立后与英国、西班牙的边界争议，以及最初的十三个州，分别是马萨诸塞州、新罕布什尔州、罗得岛州、康涅狄格州、纽约州、新泽西州、宾夕法尼亚州、特拉华州、马里兰州、弗吉尼亚州、南北卡罗来纳州、佐治亚州的边界范围和内部地点的命名。

第七章《完成18世纪的工作》(Completing the Eighteenth Century)。本章讨论了美国独立战争后到18世纪结束前的土地扩张及佛蒙特州、肯塔基州、田纳西州的确立。此外，还讨论了这一时期在16州内发生的一些对土地定居和社区发展产生了影响的事件，包括美国首都华盛顿的确立等。

第八章《19世纪：早期的扩张和分裂》(The Nineteenth Century: Early Expansions and Divisions)。本章首先讨论了美国第17个，也是第1个在西北部开辟的俄亥俄州（Ohio）的定名、边界以及内部命名。接着讨论了路易斯安那购地案（Louisiana Purchase）的过程和在杰斐逊总统支持下的刘易斯与克拉克远征（Lewis and Clark expedition）。最后对路易斯安那州、印第安纳州、密西西比州、伊利诺伊州、亚拉巴马州、缅因州、密苏里州的建州历史进行了详细阐述。

第九章《持续的人口迁移和国家发展》(Continued Population Shifts and State Development)。本章重点讨论了美国19世纪的移民和发展建设。作者首先梳理了从运河、铁路的修建到移民的不断增长以至驱逐土著印第安人的过程，又介绍了阿肯色州（Arkansas）和密歇根州的建州历史及地物命名，最后讨论了摩门教（Mormon）移民创建“犹他领地”(Utah Territory)的过程。

第十章《完成闭环》(Closing the Ring)。本章首先讨论了佛罗里达州、俄勒冈州，以及得克萨斯州的建立和建设过程。然后介绍了导致重新划分美墨边界的美墨战争，战争过后，美国48相邻州的边界变得完整。

第十一章《发展、破坏和重建（1847—1867）》[Development, Disruption, and Reconstruction（1847–67）]。本章首先讨论了艾奥瓦州（Iowa）、威斯康星州、加利福尼亚州、明尼苏达州、俄勒冈州、堪萨斯州的建州过程及定居点命名，接着以美国内战的不同阶段为线索，讨论了因南北战争而被承认的亚利桑那领地（Arizona Territory）、爱达荷领地（Idaho Territory）、西弗吉尼亚州（West Virginia）、蒙大拿领地（Montana Territory）和内华达州的相关历史事件及定居点命名。

第十二章《完成19世纪的工作》（Completing the Nineteenth Century）。本章从内战后第一个加入联邦的内布拉斯加州开始，依次介绍了怀俄明领地（Wyoming Territory）的确认以及科罗拉多州、北达科他州、南达科他州、蒙大拿州、华盛顿州的建立过程，至此美国已有42个州得到承认。最后，作者又介绍了1890年加入联邦的爱达荷州、怀俄明州以及19世纪最后一个加入的犹他州的建州历程。

第十三章《20世纪》（The Twentieth Century）。本章首先围绕20世纪加入联邦的俄克拉荷马州、新墨西哥州和亚利桑那州展开讨论，至此，美国相邻边界的48州全部被纳入联邦。此外，还介绍了不相邻的阿拉斯加州、夏威夷州的建州过程，完成了美国现今50州的布局。最后，介绍了波多黎各等美国控制下的岛屿。

第十四章《浓缩时间周期》（Condensing the Chronological Circle）。本章对前文进行了浓缩概括，系统回顾了美国各州纳入联邦的地理进程。最后作者呼应了导论中约翰·史密斯对历史和地理关系的话语，并提出了不同意见，他指出："地理包含了历史并以一种内在的活力推动着自身的发展。"

总的来说，施瓦茨通过300余幅地图和图像的呈现结合文字对史实的阐释，较为全面地梳理了美国自哥伦布开始到20世纪形成现今50州布局的历史进程。除了丰富的地图史料，本书对美国地名起源的考察也非常值得注意。保罗·D.麦克德莫特（Paul D. McDermott）称其为“历史地图与政治地理学结合的开创性著作”，与此同时，他从内容上对该书提出批评，指出通过政治地图展现地理面貌导致地形信息缺失、较少关注边界测量、仅以领土边界或地名描述无法真正揭示政治进程等问题。

与施瓦茨用一本书解决美国形成的地图过程不同，文森特·维尔加（Vincent Virga）主持的《地图：绘制国家》（*Cartographic: Mapping Civilization*）（代表性的如Vincent Virga, and Ray Jones, *California: Mapping the Golden State through History*），[①] 则是一个包括全美50个州在内，以地图阐述各州历史的宏伟计划。它虽然是通俗性论著，但是其编著思路既反映了美国地图史研究的一个方面，也极为扼要地揭示了美国学术界对于各州历史空间形象及其形成进程的最新理解，而它刊布的古旧地图也是不错的资料。

（三）杰里米·布莱克《地图与历史：构建昔日影像》

杰里米·布莱克（Jeremy Black）是利用地图构建历史的一位重要学者，他是一位极为高产的作家，既有专精的研究论著，也有大量

① Vincent Virga, and Ray Jones, *California: Mapping the Golden State through History*: rare and unusual maps from the Library of Congress,2010, Morris Book Publishing, LLC. 119页。依据Vincent Virga的《前言》，这个系列包括所有50个州，到2010年加州这册出版的时候，得州和弗吉尼亚州的也出版了。（*Texas: Mapping the Lone Star State through History*, and *Virginia: Mapping the Old Dominion State through History.*）

雅俗共赏的作品。[1]

他的《地图与历史：构建昔日影像》[2]一书，虽然是一部带有全球史思路的大众历史作品，但是该书对利用地图阐释历史的方法做了较为系统的表达，并通过地图集从民族国家、欧洲中心主义、环境主义、国家主义、战争、意识形态、政治与战后历史、技术与未来等多个侧面构建了 1900 年以来，尤其是 1945 年以后的历史。全书带有明显的后现代社会批判理论的痕迹。他 2003 年出版的《世界的视像：地图史》(2003)，[1]实际上是前书的衍生品，属于以地图构建世界形象而相对通俗的读物。兹将其《地图与历史：构建昔日影像》详细介绍

---

① 杰里米·布莱克(Jeremy Black)，1955 年 10 月 30 日，布莱克本科毕业于剑桥大学王后学院(Queens' College, Cambridge)，在本科考试中获得“星级一等”(Starred First, Tripos)荣誉。后在牛津大学圣约翰学院和莫顿学院进行研究生学习(St John's and Merton Colleges, Oxford)。1980 年，布莱克进入杜伦大学担任讲师(lecturer, Durham University)。1983 年，杜伦大学授予其博士学位(PhD)，到 1994 年获得教授职位。1996 年，布莱克到埃克塞特大学工作，直至退休。他还担任美国宾夕法尼亚大学外交政策研究所美国和西方研究中心高级研究员(Senior Fellow, Center for the Study of America and the West at the Foreign Policy Research Institute in Philadelphia, Pennsylvania, USA)。1989—2005 年，布莱克任英国档案协会理事会(Council of the British Records Association)，并担任协会杂志《档案》(Archives)的编辑。1993—2000 年，任英国皇家历史协会理事(the Council of the Royal Historical Society)。自 1997 年始，成为清单与索引协会理事(the Council of the List and Index Society)。此外，他还是《今日历史》(History Today)、《国际历史评论》(International History Review)、《军事历史杂志》(Journal of Military History)、《媒体历史》(Media History)、《皇家联合军种防务研究所学报》(the Journal of the Royal United Service Institution)等刊物的编委以及北得克萨斯州大学巴尔桑蒂军事历史中心的顾问研究员(advisory fellow, Barsanti Military History Center at the University of North Texas)。布莱克极为高产，到 2021 年已出版 150 余部作品，其中被译成中文的就有不少：《军事革命？1550—1800 年的军事变革与欧洲社会》《地图的历史》《英国简史》《大都会：手绘地图中的城市记忆与梦想》《被人类改变和改变人类的 10 万年：图说史前时代到 21 世纪》《重新发现欧洲：意大利何以成为意大利》等。

② Jeremy Black, *Maps and History: Constructing Images of the Past*, New York and London, Yale University Press, 1997.

① Jeremy Black, *Visions of the World: A History of Maps*. London: Octopus Publishing Group Limited, 2003.

如下。

该书虽然写作上大众化，但是它以历史地图集为基础构建世界历史进程的思路却是值得研究者借鉴。为什么用历史地图集为讨论的基础，布莱克给出了理由：以往的历史研究对此关注较少，且历史地图集往往被视为工具书性质的“基础参考书”，但是历史地图集中的图像对创造和维持历史情境概念（notions of historical situations）具有影响，其图像是政治和文化权威的手段，并且历史地图集提供了一种评价人们认识空间和空间关系的历史演变的便捷方法。另外，通过对过去历史地图集的使用的关注，也为讨论其现在和未来的潜力提供了机会。布莱克以制图学视角（cartographic perspective），观察历史地图集上的绘图（mapping）和可绘性（mappability），作为理解历史的方法。

全书共11章节，分别为《直到1800年》（Developments to 1800）、《十九世纪》（The Nineteenth Century）、《十九世纪历史地图集中的民族主义和欧洲中心主义》（Nationalism and Eurocentrism in Nineteenth-century Historical Atlases）、《环境保护主义与民族主义》（Environmentalism and Nationalism）、《战争、环境和意识形态》（War, Environment and Ideology）、《商业语境》（Commercial Context）、《政治与战后历史地图集》（Politics and Post-war Historical Atlases）、《记忆中的历史》（Remembered Histories）、《新议程：1945年后的历史地图集与“无政治性”》（A New Agenda: Post-1945 Historical Atlases and the ‘Non-political’）、《技术与未来空间》（Technology and the Spaces of the Future）、《结语》（Concluding Remarks）。

第一章《直到1800年》，依时间顺序回顾了19世纪以前的世界历史地图集的发展。首先介绍了中国历史地图集的发展脉络，指出中国乃至伊斯兰世界以及南亚都不是历史地图集发展的中心。而欧洲的地图，从类似叙事图像的宗教世界地图（mappae mundi）开始，经过印刷、欧洲权力意识的觉醒（political awareness）、视觉概念（notion of sight）、时空观的变迁，逐渐重视精度（precision）及制图标准、科学性等问题。尤其是在法国大革命以后，民族主义的发展改变了欧洲的政治意识，并重新唤起了欧洲人对历史制图的兴趣。

第二章《十九世纪》，主要讨论19世纪的欧洲地图集发展。作者通过该时期的古典世界（classical world）图集、圣经研究地图集、法国和德国的地图集、军事地图集，认为19世纪时，历史地图集在欧洲建立起了牢固的地位。一方面是印刷工业的进步，如印刷动力的变革、材料的大量生产、技术的提升以及着色工艺的更新等因素共同促进了地图的专业化生产；另一方面则是制图生产本身的普遍进步，两者促进了19世纪历史地图集的发展与地位的巩固。

第三章《十九世纪历史地图集中的民族主义和欧洲中心主义》。首先，在欧洲，地理意识被视为民族主义的一个重要方面，历史地理图集被用来作为爱国公民教育的重要手段，从中可以看出民族主义的发展。其次，欧洲中心主义主导下的帝国主义殖民扩张时期，历史地图集表现出了对非欧洲地域和文化的明显忽略或排斥。这些意图在历史地图集所附的文本中往往有清晰的阐述。书中，分别梳理了瑞士、荷兰、波兰、保加利亚、匈牙利、俄罗斯、美国、苏格兰等历史地图集中的民族主义与欧洲中心主义。最后，对欧洲历史地图集中的种族问题做了扼要的梳理，他认为当时的种族地图（ethnographic maps）割裂了欧洲与世界，这种割裂又因为历史制图对战争的强调被强化。

第四章《环境保护主义与民族主义》。19世纪末20世纪初，环境对历史的影响日益受到关注，环境保护主义在强调战争与边界的传统制图领域开出了新方向。作为一种描述与解释工具，环境因果关系（environmental causation）对历史制图者尤其有价值，但是它的单一性也更容易成为一种“说教”，并因此受到了强烈抨击。另一方面，这一时期民族主义在历史进程中仍然扮演着关键角色，并在20世纪以来地图中得到更为完善的表达。例如第一次世界大战以前埃米尔·赖希（Emil Reich）、C. 格兰特·罗伯逊（C. Grant Robertson）等学者的地图集作品，无论是在战争还是和平状态，都发挥着确认民族命运感和延续光荣历史的双重作用。

第五章《战争、环境和意识形态》。在环境保护主义驱动下，20世纪二三十年代区域研究较为突出。而战争和民族主义情绪，则使得两次世界大战期间政治地图（political maps）的绘制成为热点。在欧洲，纳粹德国及其盟友意大利和西班牙法西斯的历史地图集在这方面都表现突出，但是战争的破坏使其发展缓慢，更多地生产了适应战争需求的当代地图，不过战争破坏较小的美国，出版了不少历史地图集，描绘了很强的意识形态。

第六章《商业语境》。资本主义社会和社会主义社会（控制社会——control societies）的历史地图集发展有着不同路径，本章中从困扰出版商的制作成本入手着力讨论了资本主义社会的历史地图集。分别从全球合作出版、地图集插入文本、寻求商业和个人赞助等方面对当时解决历史地图集生产背后的资本问题做了梳理，揭示出该时期历史地图集生产背后的商业因素，也即是资本的逻辑。

第七章《政治与战后历史地图集》，该章聚焦于战后共产主义国家的历史地图集。作者认为，共产主义地图学（the cartography of communism）热衷于描述人民战争（people’s warfare），政治干预和意识形态特征更为显著，并且受到了苏联的极大影响。20世纪80年代以后，这种情况发生改变，一些历史地图集中暗含着反共观点，推倒柏林墙和东欧剧变以后，共产主义政权的历史地图集有了更为多元的发展方向。

第八章《记忆中的历史》。该章以毛利人，拉丁美洲、美洲土著，加拿大土著，澳洲土著，非洲、亚洲（重点介绍了中国和日本）等族群和地域的历史地图集发展为例，以制图本身为基础，讨论了战后去除欧洲中心主义后的历史地图集的表现。作者认为，尽管战后制作非欧洲历史中心主义（non-Eurocentrism）历史地图集的有益尝试不断增加，但是随着历史研究议程的扩大和技术的发展，似乎又加剧了欧洲中心主义的发展。

第九章《新议程：1945 年后的历史地图集与“非政治性”》。该章转向战后历史地图集发展过程中的非政治因素，主要讨论了文化（culture）、宗教（religion）、交通（transport）、性别（gender）、主题（topics）、动态（dynamism）、单位（units）、相关性（relevance）、同时性（simultaneity）、精度和目的（precision and purpose）、色彩（colour）、边界（frontiers）、绘制变化（mapping change）、地区（regions）等方面。作者在结论中指出，战后历史学、历史地理学和历史地图学的研究兴趣都变得更加多元，包括概念与数据挖掘，并提请研究者注意在评估他人的观点和经验时要小心谨慎，并注意可能会产生的问题。

第十章《技术与未来空间》，讨论了技术发展对历史地图集的影响。战后计算机辅助制图技术（computer-aided cartography）和数字化地图技术（digitization）不断发展，GIS 相关软件的出现使得处理和分析地理数据的能力不断加强。作者认为历史地图学将继续利用并从数据收集和分析、编辑汇编以及学术成果等的技术进步中获益。

最后《结语》，作者总结了 20 世纪五六十年代以来实证主义（positivism）、人文主义地理学（humanistic geography）、相对主义（relativism），或多元主义（pluralism）等思潮对地理学、历史学和地图学的影响，并且认为这些变化对历史地图集的影响很小，直到 20

世纪最后四分之一时间里，历史地图集才成为一个值得研究的主题。作者认为历史地图集应当作为重要的教学和研究工具，用来帮助理解过去的学术。

该书以历史地图集为核心，通过例证，从各种不同的角度对历史地图集所呈现的历史做了多维度的梳理。该书作为大众化的地图史读物，批评者认为许多问题被提出来却没有深入探讨（Lesley B. Cormack、John A. Agnew、Steve Jolivette），例证过于集中在西方世界，由于大量举证而使得书中有些部分有沦为注释著作摘要的嫌疑（Dennis Reinhartz），时间和专题的夹杂导致了内容的混乱（Elizabeth Baigent）等。虽然如此，该书通过历史地图集来讨论世界历史，具有开创性，影响较为广泛。

上述各书，既有学术性较强的作品，也有诸多介于学术与通俗之间的雅俗共赏之作，更有图文并茂浅显简明的通俗作品。这种情况恰好也说明，在地图学史研究中通过原版地图来表达由图像构成的地方历史、区域历史、国家历史的方法和思想，正得到广泛的响应与接受。

第三节　本章小结

地图史研究在哈利等提出新的研究理论方法之后，一个显著的变化是地图史研究的理论与方法日趋多元化。换句话说，以哈利为代表的地图史研究新理论的提出，其最为重要的贡献是打破了学术研究中固有模式或范式的桎梏，学者们开始努力寻求新的不同的工作方法与研究理论。

一个学科或专业领域要取得成功，仅仅有新的理论视野是不够的，它需要引人注目的成果，特别需要能够引起更多人认同，乃至参与的成果。而在传统的科学测绘学史研究范式之下，以讨论科学进步为中心的地图史研究显然是一个很小众的论题，很难引起更多人的兴趣，即使在转向文化、空间、资本、权力与知识等题目之后，那也仍然是很专门的论题，要引起更大范围的认同与关注也并不容易。但是当把地图史从专门史的范畴中解放出来，转换成国别史、地区史、世界史，发展为一种新形式的普通史研究与表达形式，情况随之发生了变化，地图史研究受到的关注日益增加，不仅仅是利用地图展开历史研究的学者与成果增多，就是转而投身于地图史研究的学者也日益增加。

以地图为基础展开的普通史研究，是一个充满了想象空间的非常具有潜力的史学研究领域，更是一个在拉进专精工作与日常大众生活距离的学术领域。

第五章　权力、资本、知识：地图史与地理空间的相互创造

哈利等人所倡导的地图史研究，尤其是引入权力、资本、知识等概念，引发了持续的兴趣，并得到了不断的发展。其中通过对地图史中的权力、资本与知识关系的阐述，来表达地图与地理空间的相互创造过程，是极为值得关注的研究思路。

第一节　地图史与欧洲国家历史的相互创造

一、伊丽莎白·萨顿《荷兰黄金时代的资本主义与地图学》

将地图史与欧洲国家的互相创造结合到一起，既是西方地图学史和地图史研究的一个重要论题，也是西方历史研究极为关注的研究对象。伊丽莎白·萨顿（Elizabeth A. Sutton）[①]《荷兰黄金时代的资本主义与地图学》是这方面的力作。

伊丽莎白·萨顿在《荷兰黄金时代的资本主义与地图学》

① 伊丽莎白·萨顿是美国北爱荷华大学艺术学院主任、艺术史教授（Professor, Art History, The University of Northern Iowa），研究方向为近代早期北欧艺术、非洲艺术和意大利文艺复兴艺术。2002 年以“极优等”荣誉（magna cum laude 美国大学拉丁文学位荣誉等级的第二等）毕业于卡尔顿学院（Carleton College），获艺术史方向学士学位（B. A. in Art History）。2005 年于（转下页）

（*Capitalism and Cartography in the Dutch Golden Age*, 2015）正文前引用了理查德·布雷特尔（Richard Brettell）《现代艺术，1851—1928》（*Modern art, 1851–1928*）第84页上的一句话："如果看见的是值得信赖的，那么表现就最终控制了被看的世界。"（If seeing is believing, then representing is to have ultimate control of the seen world. p.1）这是极有内涵的提示句。①

萨顿将17世纪上半叶（1600—1650）荷兰黄金时代的地图作为研究对象，集中考察地图的出版、印刷、传播与荷兰在近代早期崛起的内在关联性。她认为，印刷地图反映并加强了将人文主义的个人道德与民族国家、资本主义相结合的认识论。她自陈其写作目的是：利用当时荷兰出版的大西洋地图，讨论这些地图为授权媒体（authorized media: authorized knowledge and approved media），如何利用道德（virtue）和理性（rationality）的修辞，使荷兰在黄金时代的全球扩张合法化。

全书共6章，分别为《资本主义、地图学与文化》《阿姆斯特丹与地图》《阿姆斯特丹的资本主义与地图学》《巴西的利益和占领》《营

（接上页）北爱荷华大学获艺术史方向硕士学位（M.A.in Art History）。2009年又于该校获艺术史方向博士学位（Ph. D in Art History）。她是一位很高产的学者，除了《荷兰黄金时代的资本主义与地图学》之外，尚有下列专著：*Early Modern Dutch Prints of Africa*, Aldershot: Ashgate, 2012. *Art, Animals, and Experience: Relationships to Canines and the Natural World*, New York and London: Routledge, 2017. *Women Artists and Patrons in the Netherlands, 1500–1700*, Amsterdam: Amsterdam University Press, 2019. *Angel De Cora, Karen Thronson, and the Art of Place: How Two Midwestern Women Used Art to Negotiate Migration and Dispossession*, Iowa City: University of Iowa Press,2020.

① 理查德·布雷特尔（1949—2020.7.24），以研究法国印象派著称，研究兴趣涉及现代主义、19—20世纪的视觉表征、建筑，资本主义的博物馆与私人收藏史，文本的视觉"翻译"等领域。美国得州大学达拉斯分校艺术与美学玛格丽特·M. 麦克德莫特（Margaret M. McDermott）讲席教授，奥多纳艺术史研究所创始所长，2019年当选为美国艺术与科学院院士，南京大学美国艺术史研究所美方主任。

销新阿姆斯特丹》《重访资本主义与地图学》。

第一章《资本主义、地图学与文化》。作者在该章，阐述了写作旨趣，并从财产所有权（property ownership）和地图角色（the role of maps）的角度构建了研究对象的历史基础与理论框架，并对后续章节做了纲领性概述。萨顿声明其理论主要源于安东尼·吉登斯、马克斯·韦伯（Max Weber）、卡尔·马克思（Karl Marx）、米歇尔·福柯以及皮埃尔·布尔迪厄（Pierre Bourdieu）等人的思想。

萨顿列举了约翰·布莱恩·哈利、马修·H. 埃德尼、丹尼斯·科斯格罗夫、马丁·布吕克纳（Martin Brückner）、伊曼纽尔·沃勒斯坦（Immanuel Wallerstein）、本杰明·施密特（Benjamin Schmidt）等人对地图与社会、政治以及经济之间相互关系的论述，发现强调视觉的艺术史学者在该领域明显缺位，因此她将自己的研究置于视觉表现的分析之上，把地图当作一种视觉文献，以讨论地图诞生时的社会、政治、经济。

第二章《阿姆斯特丹与地图》，包括地图市场、政府组织和西印度公司、图像与智识基础、社会组织与等级制度四个小节。萨顿在这四个小节中，主要从社会组织、政府和商业公司三条线，阐述 17 世纪初阿姆斯特丹消费者对地图的需求。她指出，地图的生产和需求反映了社会对地位和当代事件的关注，此过程中既有助于形成统一的国家形象，同时也允许个人通过展示来将自我从社会中区分出来。

第三章《阿姆斯特丹的资本主义与地图学》，也是由 4 个小节构成，分别为：道德商人与共和国，菲斯海尔和阿姆斯特丹的地图传统，贝姆斯特项目，栅格、私有财产和政治共同体。作者以地图出版商菲斯海尔生产的印刷地图为中心，考察了这些地图对阿姆斯特丹市作为经济中心的记录与赞美，以及贝姆斯特项目所揭示的私有财产、工业和公民义务的文化和法律概念的发展，通过这些城市地图可以看到它们强调了阿姆斯特丹作为全球商场（global emporium），在确立这一年轻国家过程中的历史性意义；可以看到当时人文主义者对于空间的合理组织、边界和财产的在意，政府、工业、公民与国家之间的关系，以及资本主义扩张发展而来的国家思想与工业思想。

第四章《巴西的利益和占领》，专门讨论了西印度公司授权的菲斯海尔伯南布哥州地图，约翰·毛里茨与累西腓和毛里茨城的发展，布劳和巴莱乌斯描绘的巴西，格劳秀斯占领，自然权、糖和人类剥削，艰难时代：1648 等 6 个专题，以揭示西印度公司对巴西的短暂控制。萨顿认为菲斯海尔和约安·布劳（Joan Blaeu）出版的巴西地图展示了荷兰在军事、商业和殖民方面的成功。这些地图定义了城市和可用于耕种的空地，水路运输、国防和电力以及被人类工业制成商品的巴西木和甘蔗田。这些地图直观地反映了格劳秀斯的占领理论（theory of possession），表现了荷兰对土地及其资源的强烈主张。它们通过将土地描述为受政府和商业技术控制的表现方式来强调所有权归属。

第五章《营销新阿姆斯特丹》，包括 4 个专题：图绘新阿姆斯特丹，1629—1649 年西印度公司的殖民政策：占领、边界、地主与原住民，1649 年事件，新阿姆斯特丹的复兴。该章使用菲斯海尔著名的带有新阿姆斯特丹概貌图的新尼德兰地图，以及阿德里安·范德邓克（Adriaen van der Donck）在《新尼德兰的叙述》（*Description of New Netherland*）一书中重印版地图，讨论西印度公司所期望的新阿姆斯特丹城市发展。这些地图的上下文语境在于，它们印制的地域范围由西印度公司与殖民者谈判而定，并因此形成了 1653 年新阿姆斯特丹城市宪章（New Amsterdam's city charter），而阿姆斯特丹的出版商希望从中获利，事实上它们也极大地向外界推广了新阿姆斯特丹，使其与阿姆斯特丹具有类似的法律和商业权利及特权。值得指出的是，萨顿引入视觉媒介（visual media）对谈判事件进行了分析。

第六章《重访资本主义与地图学》中，萨顿对第二章到第五章中提出的主题做了总结，认为当时荷兰出版的印刷地图中所体现的问题，在今天的全球化世界中仍能找到共鸣。即便荷兰商人及其管理机构成员的初衷并非殖民，但为了资本主义制度的基本经济增长而进行扩张的需要，要求他们将对土地的占有、对劳动力的剥削和对工业流程的控制合法化。印刷地图作为一种商品，由出版商根据国家赞助的公司的情报制作，由这些机构委托，或由出版商在公开市场上出售。随着荷兰的实力在当时全球经济中的执行力的消长，地图成为印刷市场中越来越重要的产品。

批评者认为，萨顿虽然提及了与菲斯海尔同时期的威廉・布劳、约安・布劳、扬・扬松尼斯（Jan Jansonnious）、赫赛尔・赫里茨佐恩（Hessel Gerritszoon）、约道库斯・洪迪厄斯、科内利斯・克拉斯（Cornelis Claesz）等出版商的产品，但主要依据菲斯海尔出版的地图，将菲斯海尔塑造成为一个抓住机会出版有关战争和征服的新闻地图，并且致力于宣传荷兰国家扩张的商业化政治人物。

萨顿并不满足于对近代早期资本主义和地图学发展的分析，更将两者与当代全球资本主义联系起来，而且有着明显的现代主义（presentism）和美国中心主义（America-centrism）色彩。对此萨顿本人并不讳言，明确指出："这是我对文化及其创造的主观表达，通过历史镜头，以阐明我自己的文化和身份：相对年轻、女性、白人、资产阶级、受雇于美国学术界。"这使得该书颇具争议（Elizabeth Baigent、Jesse Spohnholz）。

另有学者指出，萨顿关于荷兰早期近代化时期地图的研究不够全面，并且若将其研究推及到更深广的近代荷兰印刷地图中，结论是否能成立还是未知（Jesse Spohnholz、Katherine Parker）。

虽然萨顿的著作忽略了一些关于荷兰地图研究的文献，比如金特·席尔德（Günter Schilder）的《荷兰地图纪念碑》（*Monumenta Cartographica Neerlandica*）（Michiel van Groesen），但是瑕不掩瑜，萨顿对荷属西印度公司和菲斯海尔的工作是开创性的，一方面突破了过去学界对东印度公司和布劳家族的关注；另一方面借鉴在安东尼·吉登斯等人社会理论的基础上，获得了有效的历史洞察力，并且通过其研究证明了全球资本主义扩张的历史动态比欧洲人和非欧洲人之间的简单二分法更复杂（Jesse Spohnholz）。

另外，需要特别指出的是，哪怕对于欧洲读者来说，由于该书研究对象的专精，阅读该书前也往往需要事先了解荷兰史与欧洲史（Katherine Parker）。

二、克里斯蒂娜·佩托《早期英格兰与法兰西的地图与海图绘制：权力、赞助与生产》

与伊丽莎白·萨顿《荷兰黄金时代的资本主义与地图学》相类的著作还有克里斯蒂娜·玛丽·佩托（Christine Marie Petto）的《早期英格兰与法兰西的地图与海图绘制：权力、赞助与生产》（2010）。[①] 克里斯蒂娜·佩托的专著是另一本从权力、资本角度阐述地图学史和

① Christine Marie Petto, *Mapping and Charting in Early Modern England and France: Power, Patronage, and Production*, Lexington Books, 2010. 该书作者克里斯蒂娜·玛丽·佩托，1984 年在波士顿大学获得天文学学士学位，她 1992 年在印第安纳大学（Indiana University, Bloomington）获得科学史硕士，1996 年获得欧洲史博士学位。目前，她是 Southern Connecticut State University 艺术与科学主任助理和早期近代欧洲史教授。她也是跨学科和交叉学科期刊《环境、空间与地方》（transdisciplinary and interdisciplinary journal, *Environment, Space, Place*）的合作编辑，该刊物极力展示那些“地理转向”（geographical turn）或者世界性现象中的空间问题的论著。她的研究方向主要是近代早期英国和法国地图制作，以及地图生产与政府权力之间的关系。（转下页）

社会变迁方面的力作。该书对近代早期英格兰和法兰西地图、海图、地图集的生产和角色做了比较研究，尤其注重17世纪后期到18世纪后期地图生产的中心巴黎，如何让位于18世纪后期出现的伦敦。作者在导论中指出，她的该项研究有三个基本线索：首先，是权力机构与社会精英之间的关系，在这些关系中出现的地图是如何影响读图者理解世界的，以及直接或间接介入这些关系的地图企业的赞助人在其中扮演了什么样的角色。其次，通过商业地图的生产和生产者之间的关联深入探讨地图所处的社会语境和权力联系，从而探索贸易是如何影响地图集、地图和海图的生产，以及它是抑制还是强化了机构/权力精英与地图生产者之间的关系。第三，在250年之间生产的地图集、地图和海图作为文化产品，它们在法国和英格兰的近代早期世界扮演了什么样的角色。[①]

三、斯蒂芬·霍斯比《测绘帝国》

斯蒂芬·霍斯比（Stephen J. Hornsby）《测绘帝国：塞缪尔·霍

（接上页）其第一本专著是《法国，地图学之王》（*When France was King of Cartography*, Lexington Books, 2007），定位了17、18世纪地图生产的角色与政府支持的关系。在讨论权力与制图关系之外，她还出版了地图史中女性问题方面的论文 *Cartographica* 44, no.2（2009）："Playing the Feminine Card: Women of the Early Modern Map Trade," 并为即将出版的著名的《地图学史》第四卷写了"妇女与地图学"（Women and Cartography）的导论。她近期的研究项目包括：英格兰和法国的邮路地图，挣脱束缚的中世纪礼仪与地中海近代早期海盗和私人武装的地图之间的关系。

① 全书章节：Introduction; Abbreviations; Cartographic Imagery and Representations of Power; Mapping the Land: County and Regional Mapping in England and France; Chart Making in England and France, and Charting the English Channel; Paper Encroachments: Colonial Mapping Disputes in the Americas; Charting the Seas of the East Indies: Commercial Opportunism versus Royal Approbation; Conclusion.

兰、德斯巴雷斯和大西洋海神的创造》(2011)，[①] 也是一本阐述测绘与国家形成的专著。该书以塞缪尔·霍兰、德斯巴雷斯两位测绘学者对布雷顿角岛（Cape Breton Island）的测绘为基础，讨论18世纪英国军队和海军对加拿大东部水域的测绘史。作者吸收了哈利的地图学史理论，尤其是哈利关于研究"构建测绘学的社会力量，以此确定权力现场及其效应在地图知识中的位置"，即地图的社会语境与权力、知识关系的思想，因此书中集中探讨了英国政府，尤其是军事力量的系统测量工作对18世纪后期和19世纪早期北美东北部的塑造和地图表现；同时该书也揭示了权力并非全能，而是有缺陷的，指出从部署测量工作到地图被使用之前，他们的权力依然是潜在的。另外，该书还吸收了科学知识社会学的理论，关注科学知识在空间、地方和区域上的结构，将地图学作为历史和地理相联结的科学来讨论。

第二节　地图史与殖民地历史的相互创造

一、测绘殖民地与殖民地历史研究

殖民地测绘史是西方地图学史的重要论题。1999年托马斯·苏亚雷斯的《东南亚早期绘图史》，2012年马诺西·拉希里《测绘印度》都是这类专题论著。这既与近代西方兴起的背景密不可分，也与20世纪50年代以后社会思潮的发展有关。

关于殖民地测绘与殖民地历史的研究论著较多，在《东南亚早

① Stephen J. Hornsby, *Surveyors of Empire: Samuel Holland, J.F.W. Des Barres, and the Making of the Atlantic Neptune*, McGill–Queen's University Press, 2011. 全书章节如下：Surveyors at War; Surveys; Surveying; Plans and Descriptions; Surveyors as Proprietors; *The Atlantic Neptune*; Epilogue, Beyond the Surveys, 另有3个附录。

期绘图史》《测绘印度》之外，前文提到的关于美国国家形成的地图史、俄勒冈测绘史等都可以纳入到这个专题来观察。关于该议题，下面这三种专著值得特别关注。

首先是 1986 年出版的大卫·布塞雷特《帝国的工具：西进运动中的船与地图》，[①] 该书是研究美国西进运动地图史的杰作，其方法已经明显地带有后殖民主义色彩。

雷蒙德·克雷布（Raymond B. Craib）《测绘墨西哥：国家依恋与片断景观的历史》，[②]2004 年出版，是充分吸收了后现代理论的一本 32 开 300 多页的艰深专著。该书《导论》开篇前引用了《人类与地球》（Elisee Reclus, *L'Homme et la Terre*）的一段话充分表达了作者的写作意图："地理不是永恒的东西，它是创造出来的，每天都在被重造；每一刻，它都在被人类活动塑造。"（Geography is not an immutable thing. It is made, it is remade everyday; at each instant, it is modified by men's actions.）在该书中，作者通过对代表现代性的外来殖民力量的地方测绘过程的深入梳理，对测量过程中殖民势力、土著势力、底层民众等各群体之间的互动，及其所体现的国家、地方在前现代性与现代性之间的表现做了非常深入的讨论。

诺曼·埃瑟林顿（Norman Etherington）编辑的《绘制殖民征服：澳大利亚与南非》，[③]2007 年出版，这是一本以澳大利亚和南非为

① David Buisseret, *Tools of Empire: Ships and Maps in the Process of Westward Expansion*, The Newberry Library, 1986.

② Raymond B. Craib, *Cartographic Mexico: A History of State Fixations and Fugitive Landscapes*, Durban and London: Duke University Press, 2004. 属于 Latin America Otherwise: Languages, Empire, Nations 丛书系列。该丛书的编辑：沃尔特·D. 米格诺罗（Walter D. Mignolo），艾琳·西尔弗布拉特（Irene Silverblatt），索尼娅·萨尔迪瓦－赫尔（Sonia Saldivar-Hull），前两人是杜克大学的，后者是加州大学洛杉矶分校的。

③ Norman Etherington, ed., *Mapping Colonial Conquest: Australia and Southern Africa*, Western Australia: University of Western Australia Press, 2007.

对象的地图史论文集。在编者的《导论》之外，收录的论文有《走向帝国的海图绘制：英国水文局》(Charting the Way to Empire: the Hydrographic Office, Vivian Louis Forbes and Marion Hercock)、《幻象地图》(Fantasy Maps, Lindy Stiebel and Norman Etherington)、《全景政治：罗伯特·戴尔与乔治王湾》(The Politics of a Panorama: Robert Dale and King George Sound, Janda Gooding)、《把部落放回到地图中》(Putting Tribes on Maps, Norman Etherington)、《绘图竞争：弗里德里希·耶珀 与德兰士瓦》(Cartographical Rivalries: Friedrich Jeppe and the Transvaal, Jane Carruthers)、《将历史写入地图：乔治·斯托的美妙移居》(Writing History on Maps: George Stow's Fantasies of Migration, Norman Etherington)、《在征服景观上规划权力：堪培拉和比勒陀利亚》(Projecting Power on Conquered Landscapes: Canberra and Pretoria, Christopher Vernon)、《未绘制的征服？：一个千禧年计划》(Unmapping Conquest ? : A Millennium Project, Lindy Stiebel)。全文围绕殖民与地图测绘展开，是后殖民主义思潮对殖民地图史的理解与反思。

测绘殖民地是西方统治殖民地的关键工具，这个工具不仅仅在当时直接表现为对殖民地的军事暴力行动、行政管辖，还深深地根植到殖民地历史之中，建构殖民地历史，它的影响长期而深远，殖民地测绘史与殖民地历史成为互相创造的历史生产过程。

二、托比·莱斯特《世界的第四部分》

2009 年，托比·莱斯特 (Toby Lester) [1] 的《世界的第四部分：竞

---

① 托比·莱斯特生于 1964 年 11 月 2 日，他的父亲詹姆斯·莱斯特(James Lester)、母亲瓦莱丽·布朗·莱斯特(Valerie Browne Lester)、妹妹艾莉森·琼·莱斯特(Alison Jean Lester)都是作家。1987 年，托比在(转下页)

至地球尽头并命名美洲的地图史诗》(*The Fourth Part of the World: The Race to the Ends of the Earth, and the Epic Story of the Map That Gave America its Name*, New York, Free Press, 2009)在纽约自由出版社出版，成为畅销书。通过该书，可以看到全球史视野下新旧世界的地图如何描绘殖民地。

该书以德国地图学家马丁·瓦尔德塞弥勒(Martin Waldseemüller, 1473—1520，其生卒年有不同说法)制作的地图，即被誉为“美洲出生证明”(America's birth certificate)的世界地图为线索展开[该图全称Universalis cosmographia secundum Ptholomaei traditionem et Americi Vespucii alioru[m]que lustrationes，英文译作The Universal Cosmography according to the Tradition of Ptolemy and the Discoveries of Amerigo Vespucci and others，中文称《瓦尔德塞弥勒(世界)地图》，1507年绘制]，不仅在微观层面上叙述了1507年以前鲜为人知又引人入胜的地图制作过程，更在宏观层面上追溯了该地图之所以成为可能的各种思想、发现和社会力量。全书除《前言》《序幕·觉醒》《附录》等之外，正文分为《旧世界》《新世界》《全世界》三个部分。前两部分叙事以欧洲为中心，从12世纪初的英格兰开始，各章节以地图特写细节开篇，逐步向东、向南、向西移动直至发现新世界。第三部分，回归瓦尔德塞弥勒地图本身的制作过程并以该图如何帮助年

(接上页)弗吉尼亚大学获得英语和法语学士双学位。1988—1990年间，他作为美国和平队(Peace Corps)志愿者在也门教授英语。1990—1992年间，他帮助建立了东欧和苏联地区的和平队项目。1992—1994年间，作为联合国难民事务官员监控约旦河西岸起义相关的活动。此后，开始从事编辑与写作工作。1995—2006年，在《大西洋月刊》(*The Atlantic*)从事编辑工作，其间也担任了*Double Take*、*Country Journal*、*Boston*等杂志的编辑。目前，托比主要从事编辑工作，以高级编辑的身份在《哈佛商业评论》(*Harvard Business Review*)兼职。此外，托比还在波士顿学院(Boston College)教编辑，并担任麻省理工学院科学新闻学(science-journalism)项目的论文导师。

轻的哥白尼提出“日心说”结尾。该书是进入新世纪以来地图史通俗读物的佳作。

（一）《序幕·觉醒》

作者从介绍《宇宙学入门》（Cosmographiae introductio, or Introduction to Cosmography）的基本内容与相关争议切入地图史与美洲发现这个重要论题。《宇宙学入门》的作者最初是佚名的。但是书中，有一封佛罗伦萨商人阿梅里戈·韦斯普奇（Amerigo Vespucci）写给洛林的勒内公爵（René Duke）的长信，信中声称他在 1497 年到 1504 年间曾四次到达新大陆，这在那个年代引发了是阿梅里戈还是哥伦布先到达新大陆的争议。亚历山大·冯·洪堡经过大量调查，发现该书的作者是马丁·瓦尔德塞弥勒和马蒂亚斯·林曼（Matthias Ringmann，又名 Philesius Vogesigena），两人在见到阿梅里戈写给勒内的信以后，将其发现纳入到《宇宙学入门》中，并由此命名了美洲。关于谁先到达新大陆以及美洲命名的巨大争议，让当时人忽略了《宇宙学入门》扉页中曾提到的地图和地球仪（the map and the globe）。事实上，瓦尔德塞弥勒在写给马克西米利安一世（Maximilian I）的信中也谈到了他制作地图的事情。遗憾的是，《宇宙学入门》文本中并没有包含地图。不过后世学者展开了寻找瓦尔德塞弥勒地图的不懈努力。1901 年，约瑟夫·费舍尔神父（Father Joseph Fischer）在德国沃尔夫埃格（Wolfegg）的一个城堡的图书馆里发现了该地图原本。

作者将这部分内容称为“觉醒”（Awakening），作为序幕，其所包含的思想很为明显，就是不仅将绘制美洲地图作为地图史的重大里程碑时间，更是将它当作全球时代觉醒的一个标志。

（二）第一部分《旧世界》

全书正文第一部分《旧世界》（Old World）（或译作旧大陆），包含 5 个章节，分别为《马修的地图》（Matthew’s Maps）、《上帝之鞭》（Scourge of God）、《描绘世界》（The Description of the World）、《穿越海洋》（Through the Ocean Sea）、《眼见为实》（Seeing Is Believing）。

第一章《马修的地图》。由“瓦尔德塞弥勒（世界）地图”上的不列颠群岛和北欧开始，讲述了 12 世纪英格兰修道士马修·帕里斯绘制的地图。这一时期出现的世界地图（Mappaemundi）是在 T–O 地图的基础上不断注入地形和历史信息，成为高度风格化的一种地图。马修根据 T–O 地图的模型绘制了世界地图及相关图像，他认识到了图像对于文字的补充作用，不过其关注的核心不是地图的准确性，而是宗教的教化意义。马修的地图被称为精神旅行者的“冥想旅行指南”（guide for a meditative voyage）。

第二章《上帝之鞭》。从蒙古人入侵欧洲开始叙述，重点介绍了约翰修士（Friar John）和威廉修士（Friar William）与蒙古的交往，与欧洲地图学发展的关系。

第三章《描绘世界》。这个标题是《马可·波罗游记》（*The Travels of Marco Polo*）早期版本的书名。讲述了尼哥罗·波罗（Niccolò Polo，《辞典》常用名译为尼科洛，特指出 Niccolò Polo 译为尼哥罗，后文 Niccolò Conti 译为尼科洛）和马费奥·波罗（Maffeo Polo）兄弟与尼哥罗之子马可·波罗与中国的交往及其影响。

第四章《穿越海洋》。《马可·波罗游记》对东方的描述引发了欧洲人的极大兴趣，促使他们走向海洋探索东方，故而该章从中国东部和日本出发，重点介绍了《曼德维尔游记》（Mandeville’s Travels）、《布伦丹游记》（The Voyage of Saint Brendan the Abbot）以及波特兰海图（Marine charts，或 Portolan charts）的情况。

第五章《眼见为实》。极为概略地叙述了自亚里士多德（Aristotle）到托勒密，从托勒密到罗杰·培根（Roger Bacon），各个不同时期的宇宙观及地理观。

（三）第二部分《新世界》

《新世界》（New World）包含 11 个章节，分别为《重新发现》（Rediscovery）、《智者托勒密》（Ptolemy the Wise）、《佛罗伦萨视角》（The Florentine Perspective）、《未知地域》（Terrae Incognitae）、《进入非洲地带》（Into African Climes）、《学问家们》（The Learned Men）、《风暴角》（Cape of Storms）、《哥伦布》（Colombo）、《海军上将》（The Admiral）、《上帝使者》（Christ-Bearer）、《阿梅里戈》（Amerigo）。

第六章《重新发现》。由 14 世纪幸福群岛（加那利群岛）的“重新发现”引入，聚焦于加那利群岛和西北非的图绘。重点介绍了文艺复兴时期的重要人物彼特拉克（Francesco Petrarch）和薄伽丘（Giovanni Boccaccio），他们在复原和整理古希腊罗马文本时，努力挖掘了其中所包含的地理信息。

第七章《智者托勒密》。主要介绍了托勒密的著作《地理学指南》（Geography）及其中所记载地图——《世界》（Oikoumene）的绘制方法，以及大约 8000 个原始数据。原稿中的地图已经散佚，书中是否附有地图一度成为学者争议的焦点。在拜占庭修道士马克西莫斯·普拉努得斯（Maximos Planudes）1295 年复原了不带地图的托勒密著作之后，到 14 世纪之间的某个时间，根据书稿中的记载，地图也被复原出来。

第八章《佛罗伦萨视角》。文艺复兴时期，在佛罗伦萨政府文书长科卢乔·萨卢塔蒂（Coluccio Salutati）的努力下，促成了拜占庭学者曼努埃尔·赫里索洛拉斯（Manuel Chrysoloras）将托勒密希腊文《地理学指南》手稿带到欧洲，并翻译成拉丁文，从而引发了雅各布·安杰利（Jacopo Angeli）、莱昂·巴蒂斯塔·阿尔贝蒂（Leon Battista Alberti）、达·芬奇（Leonardo da Vinci）等人对托勒密手稿的相关研究。

第九章《未知地域》。围绕1414年秋天在德国举行的康斯坦茨大公会议（Council of Constance）展开，这次会议使得众多来自不同地区的学者聚集在一起，促成了思想和文化的交流。会议期间汇集了众多手稿，其中包括拉丁文版的托勒密《地理学指南》，以及蓬波纽斯·梅拉（Pomponius Mela）《描绘世界》（*The Description of the World*）等地理文献。法国人纪尧姆·菲拉特（Guillaume Fillastre）注意到了这些书，并对这些书忽视世界现势提出了质疑。菲拉特在自己创作的地图的南北边界的三个地方写了“terra incognita（unknown land）”，将未知的事物纳入其中。菲拉特的同事兼朋友皮埃尔·达利（Pierre d’Ailly）在其作品《图像世界》（*Imago Mundi, or The Image of the World*）所附的一幅地图中第一次表明穿越赤道进入南半球是可能的。丹麦人克劳迪乌斯·克劳森（Claudius Clavus）绘制了北欧地图（Map of northern Europe），成为已知最早的“现代”托勒密地图，菲拉特将其收入了自己的《地理学指南》版本中。

第十章《进入非洲地带》。介绍了在葡萄牙亨利王子的支持下进行的对西北非海域的探索航行，葡萄牙人通过航海在非洲攫取了大量资源，包括奴隶。

第十一章《学问家们》。围绕1439年的佛罗伦萨大公会议展开，这次会议和康斯坦茨大公会议一样促进了欧洲思想文化的碰撞，众多学者开创了15世纪人文地理学的决定性事业之一，即试图通过比较和对比古代和现代的地理描述来建立一个新的世界画面。威尼斯商人尼科洛·孔蒂（Niccolò Conti）在旅行到印度及更远的地方回到意大利之后，在教皇的示意下，他的旅行记由波焦·布拉乔利尼（Poggio Bracciolini）记录下来。孔蒂的故事证实了《马可·波罗游记》的可信度，也说明了托勒密世界地图范围的不准确，但是却让人们意识到了托勒密地图的方法论意义。随着欧洲人对世界范围更加清晰的认识，关于世界范围的地理理论逐渐统一起来。

第十二章《风暴角》。介绍了葡萄牙沿非洲海岸不断的向南探索，迪奥戈·康（Diogo Cão）、佩罗·达·科维良（Pêro da Covilhã）、巴尔托洛梅乌·迪亚斯（Bartolomeu Dias）等为之做出了努力。迪亚斯航行之后，德国地图制作者亨里克斯·马提勒斯（Henricus Martellus）绘制了相关地图。1492 年，德国商人马丁·贝海姆制作了世界上第一个地球仪。1493 年，声称刚从印度航行归来的克里斯托弗·哥伦布（Cristoforo Colombo）与迪亚斯相遇了。

第十三章《哥伦布》。紧接着介绍了哥伦布在葡萄牙和西班牙遭遇的挫折和经历。哥伦布在遭到葡萄牙王室拒绝资助航行后愤然去往西班牙，在与西班牙王室交往的过程中也不顺利。哥伦布被西班牙王室拒绝后，在弗雷·安东尼奥·德马切纳（Fray Antonio de Marchena）的支持下开始阅读大量书籍，其中《各地成就史》（*Historia rerum ubique gestarum*，英译 *History of Matters Conducted Everywhere*）、《马可·波罗游记》《图像世界》是他最钟情的三本著作。在西班牙等了六年多以后，哥伦布终于获得了西班牙王室的支持。

第十四章《海军上将》。海军上将，即哥伦布，因为西班牙王室承诺哥伦布发现新的岛屿后给予其西班牙海军上将的称号。该章详细叙述了哥伦布的第一次和第二次的航海过程。

第十五章《上帝使者》。详细描述了哥伦布的第三次和第四次航行故事。

第十六章《阿梅里戈》。与哥伦布常相伴出现的一个名字是阿梅里戈·韦斯普奇，美洲即以他的名字命名。韦斯普奇从小生活在具有良好商业和文化双重氛围的环境中，与哥伦布相对悲惨的命运不同，他受到西班牙和葡萄牙王室重视。他在服务于西班牙和葡萄牙王室时的两次航行的详细情况，通过他写给洛伦佐·迪皮耶尔弗兰切斯科·德美第奇（Lorenzo di Pierfrancesco de' Medici）的三封信件（familiar letters）和在当时印刷商根据这三封信件改编的小册子《新世界》（*Mundus novus*，英译 *New World*），较为完整地被记录了下来。

（四）第三部分《全世界》

正文第三部分《全世界》（The Whole World）有 3 章，分别是：《吉姆纳士》（Gymnasium）、《没有尽头的世界》（World without End）、《余续》（After World）。

第十七章《吉姆纳士》。将视野投向德国。随着神圣罗马帝国的发展，德国人文主义者认为认识古代记录中关于日耳曼尼亚的历史和地理是迫在眉睫的任务，于是德国掀起了一阵日耳曼尼亚历史地理研究热。恰巧这一时期印刷事业发展起来，在圣迪（Saint-Dié，今称孚日圣迪耶）镇长瓦尔特·路德（Walter Lud）的支持和勒内公爵的资助下，马蒂亚斯·林曼和马丁·瓦尔德塞弥勒建立了一个名为吉姆纳士沃萨根（the Gymnasium Vosagense）的小型印刷社。林曼负责文字工作，瓦尔德塞弥勒则负责绘图工作。他们有两个目标：一是根据托勒密《地理学指南》中的原始数据复原托勒密时代的地图，二是绘制托勒密型现代世界地图。

第十八章《没有尽头的世界》。介绍了林曼和瓦尔德塞弥勒的具体成果及制作过程。他们的成果包括三个部分：一是由瓦尔德塞弥勒主要制作的大型世界地图，二是可以大量生产并粘贴于小球上制成地球仪的地图微缩版，三是由林曼负责的《宇宙学入门》。

第十九章《余续》。则介绍了林曼和瓦尔德塞弥勒作品的传播、消失以及对哥白尼《天体运行论》的影响。

（五）尾声

《尾声·世界之途》(The Way of the World)。作者总结全书之外，对瓦尔德塞弥勒开创现代地理世界的贡献予以肯定。此外在附录中，作者记述了发生在美国书商小亨利·牛顿·史蒂文斯（Henry Newton Stevens Jr.）与美国收藏家约翰·尼古拉斯·布朗（John Nicholas Brown）之间的关于《瓦尔德塞弥勒（世界）地图》的轶事，与序幕中约瑟夫·费舍尔神父发现地图原本的故事遥相呼应。

总体上，这是一部有一定篇幅，故事较为详细，文笔流畅的地图史通俗畅销书。一方面对于中文读者了解西方近代早期地图学史的相关故事很有帮助，其通俗地图史的写作手法也值得借鉴；另一方面从这种通俗作品的写作思路中可以看到西方地图史研究中殖民地与地图史的互相创造的学术思路已经较为普遍。

第三节　地图史与世界历史的相互创造

从文艺复兴、地理大发现时代以来，绘制世界不仅是重新认识世界，也是在创造世界，因此这方面的论题来源久远，而在地图史转向思潮下获得了新的认识。大卫·布塞雷特《绘图者的探索：文艺复兴时期对新世界的描绘》(2003),[①] 约翰·伦尼·肖特《制造空间:修订世界,1475—1600》(2004),[②] 是该专题值得一读的作品。而1997年杰里·布罗顿(Jerry Brotton)[③] 在伦敦出版的《贸易疆域:绘制近代早期的世界》(*Trading Territories: Mapping the Early Modern World*, London: Reaktion Books, 1997)则是这类专题研究的力作。

该书1997年出版后迅速在学术界产生影响,次年康奈尔大学出版社为其出了美国版。该书从商业的角度梳理了葡萄牙与近代早期地图学的发展,强调东方对于定义近代早期欧洲的重要性。

全书算上《导论》与《结论》,共6个章节。

第一章《导论》(Introduction)。布罗顿指出,葡萄牙国王若昂三世(1502—1557)下令制作的《地球》(The Spheres)中最后一幅图透露了国王对图幅所示地理范围及想象中的远方的治权与主权(political power and authority)主张,这表明地图包含着丰富的社会

---

① David Buisseret, *The Mapmaker's Quest: Depicting New Worlds in Renaissance Europe*, Oxford: Oxford University Press, 2003.

② John Rennie Short, *Making Space: Revisioning the World, 1475—1600*, Syracuse: Syracuse University Press, 2004.

③ 杰里·布罗顿,伦敦玛丽女王大学(Queen Mary University of London)文艺复兴研究中心(Renaissance Studies)教授。在萨塞克斯大学获英语专业文学学士(BA, in English , Sussex University),埃塞克斯大学获文学社会学硕士(MA at Essex University in the Sociology of Literature),在伦敦玛丽女王大学以近代早期地图的研究获博士学位(a PhD in early modern mapping at Queen Mary)。博士毕业后在利兹大学得到研究助理(a research fellowship)的职位,此后在伦敦大学皇家霍洛威学院担任讲师。2003年回到伦敦的玛丽女王大学任教,2007年成为文艺复兴研究中心的教授。杰里·布罗顿是一位著作颇丰的多产学者,1997年出版的《贸易疆域:绘制近代早期的世界》(*Trading Territories: Mapping the Early Modern World*)是他的第一本专著,在地图史领域有重要的影响。其他代表作则有《出售故王之物:查理一世及其艺术收藏》(*The Sale of the Late King's Goods: Charles I and his Art Collection*, London: Macmillan, 2006),《伟 大 的 图 》(*Great Maps*, Dorling Kindserley and Smithsonian Books, 2014),《十二幅地图中的世界史》(*A History of the World in Twelve Maps*, London: Allen Lane, 2012;林盛译,浙江人民出版社,2016年)。

意义。他希望通过探求王子、地理学家、外交官、水手和商人绘制的不同的近代早期世界，来讨论地图的这种丰富的社会意义。

布罗顿认为，通过如何定义作为社会和文化实体的欧洲这个视角，可以很好地切入地图或地球仪在事实和想象两个层面丰富的社会意义。

同时，他认为，对于地图学史援引地理学科发展的“科学”叙述，将追求客观、可证实和公正无私为理想，将世界地图和地球仪视为原始科学物体，对地图学和地理知识的发展强加追溯逻辑（retrospective logic）、建立目的论（teleology）的思想予以批判。

在具体研究对象的选择上，布罗顿没有将重心放到一般欧洲地图学史所关注的殖民领土扩张上，而是另辟蹊径，聚焦于商业发展与地图生产的关联性，以此来揭示近代早期地图学发展中的社会性。

第二章《建立在水上的帝国：大发现早期的葡萄牙地图学》（An Empire Built on Water: The Cartography of the Early Portuguese Discoveries）。布罗顿通过对葡萄牙的航海探索及其绘制的地图的梳理，重新定位了葡萄牙在欧洲社会与文化中作为早期海上帝国的位置。他指出，葡萄牙人的地图不仅描绘出像 14 世纪末“旧世界地图”的那种神秘和绚丽的美感，而且还融入了新的地理发现，它们在改变人们对地球形状的基本认识方面起到了核心作用。与西班牙在美洲的领土扩张相比，葡萄牙更依赖交易性和商业性的发展模式，而航海过程中发现的新地理知识对商业发展至关重要。尽管葡萄牙人在近代早期世界商业财富追逐中的作用被大大低估了，但在其影响下形成的地图和海图成为随后全球大部分地区印刷制图的基石。

第三章《标错东方：奥斯曼帝国的地图学》（Disorienting the East: The Geography of the Ottoman Empire）。布罗顿以佛罗伦萨学者弗朗切斯科·贝林吉耶里（Francesco Berlinghieri）为中心展开论述，

以打破过去有关文艺复兴历史中对奥斯曼帝国的妖魔化和模糊化描述。他细致地梳理了贝林吉耶里这样一位在智力和政治上备受尊重的人物，将意大利文艺复兴时期最具创新性的地理文献献给其对立者——奥斯曼帝国苏丹穆罕默德二世（Mehmed II）的过程，指出在东西方边界被强加之前，近代早期的欧洲的文化和地理景观，特别是奥斯曼帝国对15世纪末和16世纪初欧洲的文化、地理与地图的影响。

第四章《狡猾的宇宙学家：绘制摩鹿加群岛》（Cunning Cosmographers: Mapping the Moluccas）。摩鹿加群岛由于盛产欧洲所需的香料而成为欧洲各国竞争的重要场所，而围绕摩鹿加群岛的争端促成了第一次环球航行。作者认为，西、葡两国关于摩鹿加群岛的争端不仅是近代早期欧洲政治史上的分水岭，还引发了全球制图业的爆炸性发展，最终确定了一个公认的近代世界形象轮廓，并使得地理学科成为一个高度政治化和具有教育影响力的知识研究领域。

第五章《制图与投影：墨卡托和奥特留斯的地图学》（Plotting and Projecting: The Geography of Merator and Ortelius）。该章主要围绕著名地理学家墨卡托（Gerard Mercator）和亚伯拉罕·奥特留斯作品中的地理世界展开论述。如何区分地图上的东西方，以及如何确定欧洲作为一个地理和政治实体在那个不断变化的世界幅面中的位置，成为当时地理学家要解决的问题。墨卡托因其设计的广泛应用于航海的等角投影而闻名，而奥特留斯则因其首部世界现代地图集《寰宇全图》而声名大噪。作者认为长期以来人们对两位地理学家的成就致以崇高敬意的同时，忽视了其产品的社会和政治因素。两位地理学家的作品是在摩鹿加群岛争端之后地理学和地图制作日益商业化和政治化的背景下产生的。他们的产品既有政治敏感性，迎合了当时政治和市场的需求；又具备地理准确性，为他们赢得了更高的社会地位。

综合来看，布罗顿通过对世界地图学史上重要人物、地图的刻画来探求这一时期的地理表征，重新考虑东西方之间的交流，找回“东方”在塑造早期欧洲认同过程中的价值，描绘了西方地图学的多元历史传统。在考虑东西方互动的过程中，作者重点论述了葡萄牙商业利益驱动下的航海过程及其影响，奥斯曼帝国苏丹对地理学的支持，西、葡关于摩鹿加群岛的外交争端，以及墨卡托和奥特留斯的地理学成就背后的政治社会含义四个方面。

值得注意的是，除了航海实践所导致的地理知识更新换代，作者关注到了印刷技术的发展对当时的地理观产生的影响。印刷术的普及使得地理产品在数量上不断增加，质量上更加精细。读者开始依据自身对地理产品的理解构建地理知识，地理知识的扩充加速了东西方文化的分歧，导致了 15 世纪末地图的地理形态和社会地位被重新定义，呈现“知识总是与财富和政治权力高度有效结合”时期的时代面貌。

第六章《结论》(Conclusion)。东方的出现对于定义近代早期的欧洲具有重要价值，通过它可以理解当时的旅行、贸易与地理学。从这个东方视角入手，在反对托勒密《地理学指南》中所描绘的古典旧世界时重新定义自身。而通过墨卡托 1569 年的地图中勾勒的迅速占据主导位置的大西洋世界，则可以看出 16 世纪的欧洲开始快速地定义其自身的社会与地理认同。

1594 年皮特鲁斯·普兰修斯 (Petrus Plancius) 绘制的《摩鹿加岛屿》的地图，是新社会动力的征兆。该地图并非为帝国的赏赐所作，相反，它为一家 1594 年在阿姆斯特丹成立的荷兰新公司冯弗公司制订商业计划。这家公司形成了 17 世纪联合贸易公司 (Vereenigde Oost-Indische Compagnie) 的基础，即著名的荷兰东印度公司。

政治与商业组织的转折，不仅使得欧洲与亚洲之间往来的商品的范围与规模强化与常规化，而且也导致了对更为精确与客观的地理产品的需求。在16世纪晚期最令人尊敬的地理学家并不效忠于王权，而是忠诚于总部位于近代早期欧洲大都市中心的联合贸易公司。到17世纪20年代，荷兰东印度公司在阿姆斯特丹创设了水道测量办公室，以协调公司商业活动所建立的跨领土的系统测绘。复杂的绘图步骤，使得阿姆斯特丹那样的办公室在巴达维亚也迅速建了一个，以创制新的印度尼西亚地图与海图，转给阿姆斯特丹，以吸收到专供公司的领航员和管理者使用的海图与地球仪上。

这一新的绘图过程对于地理学的影响显然是逐渐产生的。新商业公司的地理学与水文测量实践拼写了16世纪早期冒险地理学的尾声。像贝海姆和里贝罗（Ribeiro）那样的早期地理学家制作的地图或地球仪故意利用了偏面的常常互相冲突的领土距离数据，以创造强化的政治与商业"想象地理"，这种地图用自吹的学术智识与审美混在一起说服赞助人。在物理上难以达到远方的现实困难使得地理学家能够使用他对地理距离现象的推测知识生产他的产品以及他的社会地位，他那几乎魔术一般的再现距离或不可达到的地方的能力彰显了他的威望与敬畏之处。

贯穿整个17世纪早期的绘图工程逐渐侵入了地理学家的观念和产品之中。贸易联合公司感兴趣的是战略领土的精确、客观与系统制图。像普兰修斯和哈克鲁特（Hakluyt）那样的地理学专家，被纳入到东印度这样的组织的研究机构之中，这些研究机构为他们提供了实践其智慧以改变薪水与专业地位的机会。

伟大的荷兰地理学家约安·布劳的《大地图集》在1662年出版，是地理学观念改变的征兆。布劳的著作12卷3000页600余幅图，超越了奥特留斯《寰宇全图》。他是专业地理学家中的新模式：受雇于公司，利用了公司搜集的海图与地理信息，避开了以地球仪为理解框架。

荷兰与英国东印度公司那样的组织都是足够巨大、去人情化的，可以为像布劳这样的地理学家提供创新事业的支持的公司。公司逐渐将这样的工作在专业办公室和行政岗位之中推广，地理学家降为熟练的管理人员。地图迅速地成为水文学和地形学的工具，是用来达到商业贸易和终极目的的有用的商品。从商业、殖民主义到地理学的发展，贯穿 17 世纪。

15 世纪后期与 16 世纪，地理学曾经真的是以猜测与推测为基础对遥远疆域进行想象式占有。虽然要有效地执行像由里贝罗和弗里修斯（Frisius）那样的地理学家制作的地球仪和地图上所宣称的主权和占有的领地是一件极为困难的事情，但是使用其地图与地球仪的商人或外交官眼里其有效性与价值却一点也没有降低。因为对地球仪是占有的严肃的主张是不可能的，但是通过地图和地球仪构建一个修辞学的商业和政治权力与主权却是最有力量的工具，就像查理五世在关于摩鹿加群岛的纷争中所做的那样。在构建近代早期的社会生活中它们是非常重要的中介，其商业与政治价值通过地理学被吸纳入 17 世纪欧洲社会的行政与科学结构之中。这种同化快速地剥夺了地图在近代早期世界中作为远方与神秘的中介的权力。在此时，近代早期地理学在其密集琐碎的世界影像中失去了对商业、金融、旅行、外交方面的神奇能力，此时，定义近代早期世界的绘图风气走向了终结。

世界如何成为世界，是现当代历史研究的核心议题。而认识世界与世界的联结则是地理学永恒的话题，而量算与描绘世界的一个重要表现是绘制地图，另一面则是人们通过地图认识与理解世界，如此则绘制地图与世界历史就形成互相创造的环，成为全球史和区域史研究的一个常谈常新的专题。

第四节　本章小结

地图在世界成为世界的过程中，扮演了什么样的角色？谁，通过什么样的方式驱使地图扮演不同的角色？地图作为世界的一种表达方式，它是世界的被动表达，还是也有主动塑造世界的触角？这些问题，在传统的科学测绘学的地图史研究中，很少涉及，但是在哈利等人提出的地图史研究理论中则是必须要考察的大问题。

通过对地图生产过程各式人员的观察，知识和资本共谋，塑造了地图对世界的表达方式，也形成了地图的权力话语，而地图通过由知识与资本结构而成的权力话语也在相当的程度上影响人的地理观念与活动轨迹，由此造成对世界的塑造。

地图与世界的这种互相创造，是一种过程性的、潜移默化的、结构性的行为，它从1500年前后近代世界的殖民主义浪潮中走向当代。在这个过程中，不仅有资本主义裹挟的近代科学测绘知识的霸权，也有被殖民地原住民本土绘图知识的抗争、转型。

至于当代，地理信息系统所造成的各种形式的地图被植入到手机、汽车、飞机、导弹、游戏之中，一方面对于人的活动予以引导，另一方面对人的运行轨迹进行规划，就如一个硬币的两面，彼此共存，一切都在资本、知识的算法权力笼罩之下。

第六章　女性主义、传播及其他：地图史的多样性

当重新定义地图，或者认识到地图定义的历时性与区域性过程，从权力、知识、主体间性等角度展开社会批判；抑或转换立场，打开他者、全球等各种不同视角重新观察地图，重新审视生成它的历史语境，与它表现的历史语境，地图史研究的多样性就成为必然，地图史研究论题的开放性也就成为必然，各种新论题将会出现，难以列举，也难以预计。在地图史地图学史研究的多样性中，女性主义与地图传播值得特别关注。

第一节　女性主义地图史研究

女性主义从社会运动到社会理论，都是需要特别关注的领域，也对我们这个世界产生着长期而持续的影响。在地图史方面，从女性主义出发展开的研究已经有相当的数量。威尔·范登·霍纳德（Will C. Van Den Hoonaard）[①]《地图世界：测绘学史中的女性》

① 威尔·范登·霍纳德（Will C. Van Den Hoonaard），生于1942年，加拿大新不伦瑞克大学社会学系荣休教授（Professor Emeritus, Sociology, University Of New Brunswick）。霍纳德长期致力于田野，以定性和人类学方法著称，研究专题主要为伦理学、巴哈伊社团和地图制作者的世界等领域。曾任职于加拿大研究伦理跨机构咨询委员会（Interagency Advisory Panel on Research Ethics）、社会科学与人文学科研究理事会标准研究资助委员会（SSHRC Standard Grants Committees），并担任多家期刊的书评编辑（转下页）

（2013），[1] 是地图学史研究中女性主义视角的基础性力作。

该书较为系统地阐述了地图学史中女性主义视角的价值、意义，对女性在地图学史中的角色进行了讨论。其研究的时限从16世纪低地国家（Low Lands，即荷兰）的“制图黄金时代”开始，直至当代巴西的触觉地图（tactile maps）结束。书的第一部分是19世纪80年代以前地图学史中的女性，第二部分是19世纪80年代直至当代的28位女性先驱，第三部分是当代测绘学中女性面对的基础阅历、问题和阻碍。该书在方法上系统吸收了社会学的方法，收集了女性测绘学家的情况，包括她们如何进入该领域，她们如何达到测绘学家的身份认同，她们如何发展与同事之间的职业关系，以及她们思考的挑战是什么，可能的贡献是什么，等等，将研究从古代延续到当代，从文

（接上页）（Book-Review Editor）。在到UNB工作之前，霍纳德在纽约担任联合国国际非政府组织（NGO）的代表，并在冰岛进行实地考察。近些年担任加拿大社会科学与人文学科研究理事会博士后评估委员会主席（Chair of the Postdoc Assessment Committee of the SSHRC）。其作品《伦理的诱惑》（*The Seduction of Ethics*）荣登2011年《希尔时报》加拿大非小说类图书100强并获得了2012年符号互动研究学会查尔斯·H. 库利奖委员会的“荣誉奖”（“Honorable Mention” by the Charles H. Cooley Award Committee of the Society for the Study of Symbolic Interaction）。该协会还授予霍纳德2017年乔治·赫伯特·米德终身成就奖（George Herbert Mead Award for Lifetime Achievement）。2013年健康改善研究所授予霍纳德人类研究保护终身成就卓越奖（Award for Excellence in Human Research Protection for Lifetime Achievement）。

[1] Will C. Van Den Hoonaard, *Map Worlds: A History of Women in Cartography*, Ontaria: Wilfrid Laurier University Press, 2013. 作者在《序言》中详细叙述了该书的起源，1993年在渥太华一个与测绘学无关的会议上遇到伊娃·谢凯尔斯卡博士（Dr. Eva Siekierska），在咖啡休息时间的讨论，谢凯尔斯卡博士的热情激发了作者对于性别与测绘之间联系的兴趣，成为作者对该主题产生浓烈兴趣的开端。之后的4年，作者深入思考了它作为一项研究的意义，尤其是作者作为一个活跃的女性与男性平等的推动者时它作为一项研究的意义。在这4年中，作者试图理解地图作为被其创造者们构建出来的霸权工具，试图理解城市地图的模式，比如，它将妇女和儿童推入空白，通过在地图上忽视他们的集合，或者在第二层次上再现他们。到2003年，作者完成了《地图世界》的初稿。2008年，作者当选为加拿大测绘学协会测绘史研究组主席（Chair of the Historical Cartography Interest Group of the Canadian Cartographic Association）的时候，开始彻底重写该书。

献梳理到当事人调查，是值得借鉴的思路。全书十三章，各章内容如下。

第一章《导论：贯穿地图世界的线》(Introduction: The Strands through Map Worlds)。基于现有研究对女性参与地图制作情况的不甚了解，作者设定的研究任务就是重现历史时期与地图制作有关的女性，并对当代地图学中的女性展开描述。作者是一位社会学家，始终以社会学视角（sociological perspective）来展开工作，关注制图者的社会组织——他们的世界、他们的文化和他们的习惯。这也成为贯穿本书的主题之一：即吸引地图学的技术变革是否也在被吸引到这一领域的女性的组织和生活中产生了反响？此外，作者还从创造地图世界的社会安排的角度来审视地图学的世界，揭示了许多似乎强化了这个世界的理所当然的态度和行为。作者分别从探索专业地理组织生活中的性别问题和女性地理学家的个人经历，女性作为地理信息的主要来源，与建筑学中的女性在经验和理论上的比较，对地图学相关领域的女性的关注所唤起的人们对权力、空间政治和代表性问题的新认识等4个方面进行了学术史回顾，在说明了女性面临的科学研究境况后，作者总结道：我们应当将女性制图者作为一个整体，定位在其职业范围内，并将其置于更大的“地图世界”中来理解其位置。

何谓“地图世界”？作者认为这一概念包含了塑造和构成地图制作者世界的全部关系、规范、实践和技术。“地图世界”是一种广泛的地图学背景，在“地图世界”中没有边缘，边界是连续的。各种关系、实践和想法发生在地图世界的边界上，涉及强大的知识形式、斗争和紧张关系，引发变化和交流。而社会学家正是从对这些边界的研究中获益，因为这些边界成为获取构成制图者共同体（Map-makers community）共同的价值观和规范的手段。这一世界是动态的，性别问题也遵循这一点。霍纳德认为：女性（和男性）在地图学中的作用以不断变化的地图世界的结构为前提。

《导论》之后分为互相关联的三个部分：

第一部分是“地图学史上的女性”（Women in the History of Cartography），勾勒了女性在地图学中的复苏史。主要是第三章《13至17世纪》（The Thirteenth to Seventeenth Centuries）和第四章《18至19世纪初（1666—1850）》[The Eighteenth and Early Nineteenth Centuries（1666 to 1850）]。

在这两章之前的第二章《谁是制图者？》（Who Is a Cartographer？），通过界定制图者的概念为全书讨论奠定基础。霍纳德认为关于“谁是制图者”的问题，应当采用一种更加动态的定义方式。霍纳德列举了参与访谈的38位女性对这一问题的代表性看法，并从中归纳出共同点：地图的设计应以用户为中心，希望并可能包含美学品质。最终，霍纳德给出了这样一种参考观点，即地图学的职业任职者有许多不同的形式，其角色和任务不断变化，其方式可能是不可预测的，并且他强调技术变革和创新导致了地图世界的众多变化，随之影响了女性在地图世界中的地位和作用。

第三章《13至17世纪》，霍纳德在分述各世纪女性参与地图学特征的基础上，依次讨论了洪迪厄斯、奥特留斯、布劳等重要制图家族的人物姻亲关系。除了婚内关系与地图制图的探讨之外，霍纳德还单独讨论了失婚女性在地图学事业中的参与。他指出：16世纪以来地图创作和生产的巨大进步，促成了地图世界生产流程和随后的性别关系的彻底重组，女性通过成为着色师（colourists）以及积极参与制作地图和促进地图工作室（ateliers）的商业利益等方式发挥着重要作用。

第四章《18至19世纪初（1666—1850）》，探讨了女性在国家和国际范围内恰好填补的位置（niches）。17世纪以来，地图逐渐成为国家政治工具而非仅仅是商业产品。这一变化是否重塑了女性对制图业的参与？霍纳德梳理了女性作为着色师、刺绣师、雕刻师、地图出版者和销售者以及地理教师等身份，在地图交易、教育领域、制图者三个领域对地图世界的参与及其产生的作用。霍纳德认为：女性在18世纪和19世纪早期地图世界的参与程度并非线性过程，而是受到了当时盛行的地图世界的社会组织的制约。这种社会组织由技术进步、社会习俗、科学知识和更大的政治力量的出现所形成。

第二部分是“（近）当代地图学中的女性先驱”（Near Contemporary Women as Pioneers in Cartography），介绍了从1880年左右开始至今的28位女性制图学先驱者的故事。包括第五至七章。

第五章《边缘的地图学：从20世纪初到第二次世界大战》（Cartography from the Margins: From the Early Twentieth Century to World War II），细致描绘了20世纪早期在美国、加拿大、英国从事制图工作的5位女性（以及“二战”期间被雇佣的女制图师群体）的生活。作者希望通过这些女性的小故事提高我们对无声的斗争和响亮的胜利的认识。19世纪以来，地图世界出现了一种从边缘地带激发出来的新型地图学的早期曙光：即专题地图、环境地图和土著地图（Aboriginal maps）在北美的崛起。由于新技术和殖民世界的努力，以及建立公民身份的理想所带来的政治愿望，地图学正在新的地图世界中找到自己的立足点。第二次世界大战导致军队吸引了英国和美国的许多女性进行制图（Mapping Maids），成为制图女工，同时学术地图学成为女性参与的一个新领域。

第六章《20世纪中后期北美洲的先驱和先进》（Mid- to Late-Twentieth-Century Pioneers and Advancers in North America）和第七章《20世纪末欧洲、亚洲和拉丁美洲的先驱和先进》（Late-Twentieth-Century Pioneers and Advancers in Europe, Asia, and Latin America），统

共深描了23位女性制图先驱或先进的小故事。作者试图通过个人传记，包括父母、家庭背景、教育、兴趣和成就等要素与更大的结构的运作之间的联系，来探索这些经历是否阻碍或鼓励女性参与制图工作。作者认为，提供的是关于勇气、牺牲、失望、抵抗以及最终融化阻碍妇女奋斗的父权主义态度的故事。作者总结：就这23位女性而言，半数左右为已婚，北美的女性开始对地图学领域做出重大贡献的时间比其他地区的女性要早七年左右，分别为三十三岁和四十岁。

第三部分是“当代经验与社会组织”（Contemporary Experiences and Social Organization），以社会组织为背景，考察当代女性在地图学中的经历、问题和障碍包括第八、九、十、十一、十二、十三章。

第八章《“无心插柳柳成荫”：女性成为制图者的经历》（“Getting There without Aiming at It”:Women’s Experiences in Becoming Cartographers）和第九章《“我们是好幽灵！”：女性制图者的定位与期望》（“We Are Good Ghosts!”: Orientations and Expectations of Women Cartographers），是对当代地图学界38位女性在职者的采访。根据采访内容，霍纳德在第八章梳理出了女性制图者在进入这一领域工作中遇到的困难和曲折。这些女性将自己视为“入侵者”（intruders），她们踏入男性世界的同时也主动将改造这个地图世界的责任承担到自己肩上，在完全进入这一领域后表现相当出色。第九章探讨了女性制图师在其领域中的职业属性，包括在生产精美实用地图的同时处理人际关系和学科关系，以及她们对这一领域的情感和看法。霍纳德采用了符号互动论者的观点，即社会结构的真实性体现在塑造（和被塑造）日常互动的规范和价值观中。他将女性制图师的形成视为动态过程，嵌入了技术、个人和职业取向、学科交叉等因素来了解其对自己职业社会结构的体验。霍纳德的探索表明，女性通过强调使地图更方便用户使用的重要性，工作生活和家庭生活之间的斗争，重视以合作（而非竞争）为准则的同事的重要性，以及该领域需要纳入许多学科以使地图学超越自身状态等，这些规范与价值表明了女性确实经历了社会结构中的此类问题。

第十章《教育机会和障碍》（Educational Opportunities and Obstacles），从总体上总结并分析了女性制图师的最新教育情况。通过与一般技术领域女性的参与概况相比较，女性在地图学教学机构中的参与情况与其作为群体在一般技术群体的参与情况相比，参与度相似，都不高。最后讨论了女性制图师在教育中的期望和回报，以及导师的作用。作者发现女性制图师的职业期望值很低，她们认为回报是内在的，不一定体现在工资或地位上。许多女性除了从书籍中获得灵感和知识，还从个人互动和与个人导师的专业知识分享中受益，访谈显示指导她们的男性导师多于女性。

第十一章《性别化的社会组织》（The Gendered Social Organization），聚焦于作为一种性别化的社会组织的地图世界，即体现女性制图者观点和经验的地图学文化。女性参与地图世界的景观相当多样化，其中包含了社会、经济、教育、技术以及地图世界中组织的多样性、区域和国家的特殊性、社会政策、政府重组，以及国际地图学协会在促进妇女进步方面的作用等因素。霍纳德通过探求地图世界尤其是地图组织中女性的数量和比例，发现女性参与制图的情况有很大差异，比例上仍难以实现平等。此外，在具体分工上女性与男性之间也存在鸿沟。

第十二章《当代地图世界的女性通行之路》（Female Pathways through the Present-Day Map World），主要讨论当下，女性在地图学相关领域面临的一般挑战，并审视了影响女性的最新组织趋势，还探讨了女性跨越（不）平等的四条路径，同时考虑到了她们在不同文化中的各种表现。霍纳德归纳出的四条路径分别是主流（Mainstreaming）、平行（Paralleling）、旁观（Observing）、否定（Disavowing），他认为每一条路径都是以个人经历、地图世界中的特定社会位置、个人教育中适用的结构性要求以及制图员所处的组织生活为前提的，而他也特别指出，发展中国家似乎并未遵循这些路径。

第十三章《性别转换》（Gender Shifts）。在该章节，霍纳德再次将研究拉回到女性参与地图学这一问题上，讨论技术作为仲裁者和助手的作用。此外，在凸显本研究的意义的基础上，将其与有关女性、女权主义和地图学的更大话语联系起来。

至此，作者觉得不过瘾，在附录《方法论》（Methodology）中，又详细介绍了其写作的理论框架。简言之就是产生于20世纪30年代由乔治·H. 米德（George H. Mead）和他的学生赫伯特·布鲁默（Herbert Blumer）倡导的符号互动论（Symbolic interactionism），以及发展于20世纪60年代的由安塞尔姆·斯特劳斯（Anselm Strauss）和巴尼·格拉泽（Barney Glaser）共同提出的扎根理论（Grounded Theory）。此外，作者还附上了访谈大纲及28位地图学领域的女性先驱者的概略信息。

霍纳德的这部著作问世后，引起了一些争论。认为其长处在于：首先，该书汇集了大量来自不同背景、历史时期和地理区域的与地图世界密切有关的女性肖像，作为填补地图学领域女性研究空缺的作品，具有开创性意义；其次，霍纳德始终采用社会学家的视角来进行地图学领域中的女性社会学分析；第三，部分当代女性地图学者的访谈以及提纲成为其亮点。但是贾内尔·霍布森（Janell Hobson）认为霍纳德的研究没有纳入交叉分析（intersectional analyses），所以读者无法看出不同经验和期望间的细微差别，此外还有忽略种族和阶级、局限在以欧洲为中心的视角等问题。伊丽莎白·贝金特（Elizabeth Baigent）则认为霍纳德在不自觉中强化了男性主义观点，现代部分未讨论地图消费也成其遗憾。朱蒂丝·A. 泰纳（Judith A. Tyner）更是严厉指出本书事实错误、编辑和校对不力，以及方法论问题三大严重缺陷，提醒读者在阅读和引用时要注意鉴别。

朱蒂丝·A. 泰纳撰写的女性主义的地图学史《缝纫世界：刺绣地图与女性地理教育》[①] 于 2015 年出版。该书利用各馆藏的日常地图制品，尤其是丝织品上的地图图像，讨论女性的地理教育即女性获得与传播地理知识的情况。这使该书不仅在女性主义研究中占有一席之地，也为地图史研究扩展史料与研究方向提供了一种新的思维方式。

上述两种女性主义角度的地图史研究，都有极为细致的学术回顾与参考文献，既有助于了解西方地图史研究中女性主义视角的学术史，也有助于反思与展望女性主义地图史研究。

第二节　地图的传播：新闻地图史

地图在绘制出来之后，成为传播媒介，因此从传播学角度讨论地图史是特别值得尝试与深入的领域。目前这方面表现最为突出的是对报纸期刊地图的专题研究。

一、报刊地图研究掠影

新闻地图在宣传中的作用，早在“二战”的时候即得到了专门的研究。路易斯·奎姆（Louis O. Quam）根据德国针对美国出版的《事实评论》（*Facts in Review*）上的新闻地图，指出当时德国的地缘政治学者（go-politicians）对如何用创作的地图将其理论大众化有细

① *Stitching the World: Embroidered Maps and Women's Geographical Education*, Surrey（England）: Ashgate Publishing Limited, 2015. 全书章节如下：1.Introduction; 2.In the beginning was the sampler; 3.British Isles traditions; 4.Stitching a New Nation; 5.The world in Silk; 6.Needles and Pens.

致的研究。1941 年的时候，汉斯·斯皮尔（Hans Spiere）就已经专门撰文揭示了德国制图学者如何通过制图工具强化其观念，包括用箭头代表的行动符号（symbols of action）、包围圈（encirclement）、制图符号等强化的地图被用来影响德国人民，削弱盟军的士气，让美国保持中立的心理。奎姆在文章中指出宣传地图会被用来塑造公共观念，认为这是值得警惕的，要在教育中指出这种问题，制图学者应该以追求准确为目标。[①]

在路易斯·奎姆之后，报刊新闻地图的研究陆陆续续，并不十分突出。不过报刊地图在北美新闻媒体中被密集使用，受到学者的长期关注。帕特里西娅·吉尔马丁（Patricia Gilmartin）早在 1988 年就对报刊地图的设计问题进行了较为全面的讨论。虽然该文作者的目的是建立一种通用性质的地图设计模式，但是该文的已有新闻报刊地图的研究的总结很有用。文章认为在新闻地图设计中普遍受到技术和个人因素的制约，而缺乏制图技术的个体是造成无质量地图最主要的原因，有能力的制图员则可以最大程度地克服该技术制约。在传播方面，阅读图片栏的读者比一般新闻的读者多 3—4 倍，包括地图在内的图片的使用种类与数量越多，报纸的教化功能就越强。日本的《朝日新闻》(*Asahi Shimbun*)，与美国的《纽约时报》(*New York Times*)验证了这一点，两者在图片的密度、类型、功能上有区别，这种区别与社会、文化和报纸的组织有关。地图承担与其他图片一样的通用功能，但是更特别，它们主要集中于呈现新闻中提到的地方的位置，揭示地方与地理整体之间的关系，这使它在新闻的上下文之中更有效。它们展示新闻中的地方或解释新闻中的抽象空间，是在一系列要求的

---

① Louis O. Quam, The Use of Maps in Propaganda, *Journal of Geography,* Volume 42, Issue 1. 1943. pp. 21–32.

规定下生产出来的，这经常对有效性产生影响。[①]

在报刊新闻地图的研究中，宣传与民族主义问题是较为突出的论题。卡塔琳娜·科索宁（Katariina Kosonen）《地图、新闻与民族主义：芬兰的历史经验》（1999）一文中，强调地图是一种为政治需要而开展的社会或政治的宣言、工具，是时代的产物，有其独特的社会与历史语境。该文吸收潘诺夫斯基和哈利的理论，引入阐释学方法，用 1900—1941 年芬兰报纸和杂志的地图和漫画为例证，通过不同时期的几幅芬兰地图上俄芬（苏芬）形象对比，认为报纸地图是文章或者漫画的文本或其他图表的基础组成部分，目的在于影响人们的观点或想象，以支持芬兰对东卡累利阿（Eastern Karelia）的领土期望。[②]

布鲁斯·戴维斯（Bruce Davis）《邮票上的地图宣传》虽然不是报纸上的地图，但其研究旨趣相似。该文以阿根廷、英国之间关于马尔维纳斯群岛的邮票，阿根廷与智利之间围绕南极的邮票，玻利维亚和巴拉圭之间围绕查科边境的邮票，委内瑞拉和圭亚那之间边境邮票，危地马拉和伯利兹之间的边境邮票，爱尔兰与北爱尔兰邮票，波西米亚和摩拉维亚邮票上对领土争议的绘制为例，对通过这一公开的政府宣传途径展开疆域政治宣传与塑造进行例证，这是争议领土宣传

---

① Patricia Gilmartin, The Design of Journalistic Maps Purposes, Parameters, and Prospects, *Cartographic*, vol. 22, no.4, 1988, pp.1–18。另一篇类似的论文是 David R. Green, Journalistic Cartography: Good or Bad? A Debatable Point, *The Cartographic Journal*, vol.36, no.2, 1999, pp.141–153.

② Katariina Kosonen, Maps, Newspapers and Nationalism: The Finnish Historical Experience, *GeoJournal,* Volume 48, Issue 2, 1999, pp. 91–100。与俄罗斯有关的新闻地图与漫画地图讨论还有 Eiki Berg, Some Unintended Consequences of Geopolitical Reasoning in Post–Soviet Estonia: Texts and Policy Streams, Maps and Cartoons, *Geopolitics,* Volume 8, Issue 1, 2003, pp. 101–120。而扎卡里·霍夫曼（Zachary Hoffman）讨论俄国报纸上的义和团和日俄战争漫画图像时涉及到地图，Zachary Hoffman, Drawing Stereotypes: Europe and East Asia in Russian Political Caricature, 1900–1905，*Sibirica: Interdisciplinary Journal of Siberian Studies* Issue 1, 2020, pp. 85–118.

战争的有效途径。[①]

在关于新闻地图的历史研究中，马克·蒙莫尼尔的工作较为系统，以截止时间为1980年的英国伦敦《泰晤士报》(*The Times*)、加拿大多伦多《环球邮报》(*Globe and Mail*)，美国的《纽约时报》、《基督教科学箴言报》(*Christian Science Moni*)、《华尔街日报》(*The Wall Street Journal*)为样本，选择其中每年的1月份与7月份，仅记录新闻与新闻性质的地图，而广告地图、类似地图要素的徽标(logo)以及其他装饰性的艺术形式、样板房的平面图都不包括在内，但是包括一些反映地景的航拍影像。样本的单元是文章，而不是单独的地图，讨论了气候地图、日平均比率、相对频率、周变化、专题趋势、与出版地的距离差、地图的尺寸与比例尺，进行了严格、细致的统计分析，较为系统地分析了报纸上新闻地图兴起的历时性特点与国别特点。[②]他对新闻地图史的系列研究汇聚为专著《带新闻的地图：美国新闻地图的发展》，[③]1989年由芝加哥大学出版。

二、大卫·博斯《美国内战报纸地图》

以报刊地图为对象的新闻地图史研究，1993年出版的大卫·博斯(David Bosse)《美国内战报纸地图》，[④]是一部值得关注的力作。

大卫·博斯主要依托密歇根大学威廉·L.克莱门茨(William L. Clements)图书馆和哈伦·哈彻(Harlan Hatcher)图书馆的丰富馆

---

① Bruce Davis, Maps on Postage Stamps as Propaganda, *The Cartographic Journal, Volume 22, Issue 2, 2013,* pp. 125–130.

② Mark Monmonier, The rise of map use by elite newspapers in England, Canada, and the United States, *Imago Mundi, Volume 38, Issue 1, 1986,* pp. 46–60.

③ Mark Monmonier, *Maps with the News: The Development of American Journalistic Cartography*, Chicago: University of Chicago Press, 1989.

④ David Bosse, *Civil War Newspaper Maps*, Baltimore & London: The John Hopkins University Press, 1993.

藏，完成了这部新闻地图学史著作。

博斯《前言》中指出，有关美国内战的各类成果中，地图资料很少被关注，而报纸地图因为缺乏目录基本上被忽视了。他正是在编纂《北方日报》地图目录（即 *Civil War Newspaper Maps : A Cartobibliography of the Northern Daily Press*）的过程中，撰写了这本《美国内战报纸地图》。

该书由《导论》和《地图集》两部分组成。地图集部分收录45幅美国内战报纸地图，对其来源、尺寸、形成背景和准确性进行了讨论和评价。而《导论》由8个小节构成，分别题为《新闻地图的发展》(The Development of Journalistic Cartography)、《地图绘制者》(The Mapmakers)、《报纸地图企业》(The Newspaper Map Enterprise)、《报纸地图的生产》(The Production of Newspaper Maps)、《报纸地图的设计和外观》(The Design and Appearance of Newspaper Maps)、《当代评论》(Contemporary Criticism)、《出版记录》(The Published Record)、《报纸地图的准确性》(The Accuracy of Newspaper Maps)，涉及新闻地图史的各个方面。主要内容如下。

《新闻地图的发展》简要回顾了美国的新闻地图的发展过程。作者指出，地图一直是战争的附属品。早在18世纪初，美国就有了新闻制图，但是到内战之前报纸地图都非常稀少。19世纪中期，伴随识字率的提高和新技术的发展，新闻插画（illustrated journalism）发展起来，这预示了内战时期报纸地图的频繁出版。伴随战时公众对战场信息的需求，新闻插画变成报道的重要手段，向几乎全国范围内的读者输送战时图像和新闻地图，成为内战带来的若干新闻创新之一。作者强调了地图在内战报道中的独特作用，即为报纸上的密集和连续文本增添视觉趣味（visual interest），以吸引读者对特定事件的注意力，并且帮助读者解读战争新闻。

《地图绘制者》关注的是报纸地图的作者。这是一个很难得出确切结论的难题，实际上博斯讨论的是报纸上地图的来源，主要有四种：一是战地记者，二是普通平民，三是军官，四是通过其他方式获得的官方军事地图副本。其中最值得注意的是战地记者的工作和官方军事地图。战地记者是一个比较特殊的群体，博斯认为他们似乎并不畏惧自己缺乏绘图技能，在受到编辑鼓励他们提交书面报道并附上地图时，绘制地图成为了战地记者一项经常性的工作。大多数报纸地图没有标明作者，也难以了解地图作者绘制的确切数量，博斯推测这是由于编辑们认为匿名可以保护记者们免受军事报复。根据地图内容来看，实地记者（的作品）很可能占到所有内战报纸地图的三分之一之多。

关于报纸地图的特征，博斯也有所提及，他指出小比例尺地图的绘制通常以常用地图为基础，而大比例尺和中比例尺地图通常以记者草图为基础，因其包含了各种战场细节而显示出独特的绘制特点。能够突出战场特征的还有来自官方的军事地图副本，博斯指出，这些看似权威的地图由目击者在战争现场绘制，并且通过有资源获取副本的报纸企业在短时间内出版，具有其他战争地图无可比拟的现势性（相关性），战争发生后的几天内，民众就可以通过一份报纸的低廉花费查阅军事行动地图（maps of military operations）。

《报纸地图企业》主要讨论的是报纸地图受到的限制和本身的缺陷。博斯首先从战时新闻行业的实况入手，指明由于雇主重视新闻时效性，又要求记者收集可靠信息，并在恶劣条件下成功传送地图和通讯，这超出了记者们的能力，甚至导致了捏造的新闻地图案例。记者们面临的还有难以看到战场全貌，信息不足等困难，相似的处境同样也体现在军官身上，战斗限制了个人记录信息的能力，获取信息需要依靠他人陈述。博斯指出，信息不足成为了地图和报纸报道的最大缺陷。

其次，博斯讨论了审查制度对信息的压制。他指出政府官员会任意修改或删除被认为过于敏感或有争议的信息，军事审查员（Military censors）也会没收记者的信件和地图。可以看出，官方对于信息的审查和控制导致了报纸地图的信息错乱。最后，博斯指出，远离战争现场的因素也影响了新闻制图。他描述了新闻地图出版过程中信息改动的流程，编辑、绘图员和雕刻师轮流将草图转变为最终形式，然而这些不经意的改动往往不会被注意到。

《报纸地图的生产》主要讨论的是印刷技术改进对内战时报纸地图生产的影响。博斯指出，运用蒸汽动力的轮转印刷机传统印刷法已经难以满足战时新闻需求，为了节省成本，又发展出了纸浆或湿法制版立体印刷法（papier-mâché or wet-mat stereotyping）。南北战争时，木刻雕版（wood engravings）是报纸和期刊主要使用的插图印刷方式，湿法制版方法也应用到了报纸地图和图像的复制中，改进了此前利用木版印刷地图的缺陷。博斯描述了木块雕刻制版的流程，指出，准备和雕刻木块的流水线方法使得快速生产地图成为可能，并使日报能够及时提供军事新闻的地图报道。最后，博斯指出在其中发挥了重要作用的雕刻师并不拥有图版所有权，再加上新闻时效性的限制，雕刻师很难谨慎行事。

《报纸地图的设计和外观》主要考察木刻雕版对地图外观产生的影响。博斯首先指出，复制媒介、时间限制和信息传递的要求共同塑造了地图外观，木刻雕版是其中首要考虑的因素。为了减少雕刻时间，日报印刷地图有选择地采用非线性技术（nonlinear techniques）来绘制作战地图，这恰与新闻制图对视觉简洁性的要求相辅相成。同时，正是由于图面元素的简洁，报纸地图呈现了较高清晰度，重要地理信息，如部队位置或特定地形特征被强调。博斯认为，这种选择性

（Selectivity）有利于引导读者的注意力和传递地图信息，但他也指出，这种有意设计在多大程度上促进了新闻地图的有效性值得怀疑，需要考虑到参与制图者的知识背景和具体操作过程中的偏差。另外需要关注的是商业制图（commercial cartography）对报纸地图图形符号使用的影响以及字体作为地名和标题在地图上的呈现。最后，博斯指出，有人认为地图标题有可能是没有制图经验的编辑们完全控制制图新闻的唯一方面。

《当代评论》通过案例提出了对报纸地图进行评价的一个视角，博斯认为以当今的角度看，报纸地图显然提供了经济而及时的信息，这些地图确定了事件发生的地点，建立了空间关系，并以惊人的准确性描绘了军事行动。博斯还指出，作战平面图（Battle plans）为公众提供了最早的，有时是唯一的作战地图信息。这些地图的快速发布，也是内战新闻业最大的成就之一。

《出版记录》回顾了战时地图出版的现实情况。博斯首先讨论了报纸地图的转载和盗版现象，他指出，虽然大多数内战新闻地图是原创，但也会转载以前出版的地图和盗用其他报纸的地图，并且这种盗版现象只限于战斗地图，而非定位地点或战役的小比例尺地图。出现这种现象是由于编辑们认为自己的报道落后于其他报纸，便几乎不加修改实施了抄袭的行为。博斯指出，对地图的盲目抄袭意味着知识、资源和时间的缺乏影响了编辑部对新闻制图的决定。接着，博斯讨论了报纸地图的生产情况。他指出，虽然其他形式的商业制图在整个战争期间蓬勃发展，但随着工资、材料和报道的支出增加，报纸地图的出版也在减少。尽管如此，在记者们的努力下，一些不起眼的小规模战斗也被绘成地图，博斯对此予以较高评价，他认为新闻地图在传播军事和地理信息方面发挥了突出作用，促进了公众对战争的空间维度的理解。

《报纸地图的准确性》一节中，作者提出了一些评估报纸地图准确性的原则和方法。博斯首先引用了布莱克莫尔（M. J. Blakemore）和哈利在《地图学史上的概念，回顾与展望》（Concepts in the History of Cartography, A Review and Perspective）中的观点，指出一张地图上存在不同程度的准确性，确定其准确性需要仔细审查地图内部制图内容和外部因素，如绘图者来源和地图的预期目的及受众。并且他还指出，不同的研究者因其身份和关注对象的差异也会对特定地图的效用产生不同看法。至于具体到评估内战地图的准确性，博斯提出的第一个观点是认为其核心是认识到这些地图在军事情报出版中的独特地位，并将其与其他源自同一领域的当代制图进行对比判断。第二个观点是报纸地图上相应的书面报道未见得提高了地图的准确性。第三个观点是关注报纸地图的准确性时需要关注其客观性（objectivity），尽可能地发现其偏见和动机。

博斯的这部图集是继 1989 年马克・蒙莫尼尔《带新闻的地图：美国新闻地图的发展》之后的又一部新闻地图史领域的重要作品，他的研究补充了对美国内战时期报纸地图文献的关注。但是也有学者对其实际影响力提出了质疑，加里・加拉格尔（Gary W. Gallagher）觉得博斯的这本专著，是否能促使学者们认识到对战时报纸地图的忽视还是个问题。[①] 本杰明・富兰克林・库林（Benjamin Franklin Cooling）指出了博斯研究中的一些缺陷，比如没有公正处理新闻界与军方关系，没有讨论出版有助于敌人的地图所带来的合理性问题等。[②]

虽然博斯的研究已经过去近 30 年，但是对于留存了大量战时报刊的中国近现代史研究来说，依然具有启发意义。

---

① Gary W. Gallagher, "Civil War Newspaper Maps: A Historical Atlas (review)," *Journal of American History*, Vol.81, No.4, 1995, p.1730.

② Benjamin Franklin Cooling, "Civil War Maps: A Historical Atlas (review)," *Civil War History*, Vol.40, No.3, 1994, pp.255–256.

三、地图史研究的其他论题

地图史研究转向之后呈现出的研究论题和理论主旨的多样性是极为丰富的，各方面多有实践者。

如地图修辞，2001 年伯恩哈德·克莱因（Bernhard Klein）出版了《早期英格兰与爱尔兰的地图与空间写作》，[①] 专门讨论地图史中的修辞问题。

地图装饰也是修辞的一种，这在哈利的地图史哲学中有专门的论述。这方面比较新的成果是丹尼斯·莱茵哈德（Dennis Reinhartz）2012 年出版的《地图艺术：地图要素与修饰的图解史》，[②] 以及 2013 年出版的切特·凡杜泽（Chet Van Duzer）《中世纪与文艺复兴时期地图上的海怪》。[③] 其中，后者是第一本专门讨论作为修辞的海怪的地图学史专著，对海怪在地图上的出现，及其消失的时间和背景做了深入细致的讨论，将这个极为庞杂的论题做了引人入胜而又简洁扼要的论述。

第三节　本章小结

地图史研究在 20 世纪六七十年代兴起，在各种社会思潮的影响下，20 世纪八九十年代很快就发生了转向。其中，约翰·布莱恩·哈利、大卫·特恩布尔、克里斯蒂安·雅克布是地图史研究转向

① Bernhard Klein, *Maps and the Writing of Space in Early Modern England and Ireland*, Palgrave, 2001.

② Dennis Reinhartz, *The Art of the Map, an Illustrated History of Map Elements and Embellishments*, New York, Sterling, 2012.

③ Chet Van Duzer, *Sea Monsters on Medieval and Renaissance Maps*, The British Library, 2013.

中展开系统理论阐述的代表性学者。尤其是哈利成就卓著，他关于地图史的理论阐述被称之为地图史哲学，而以他为核心的学者群为地图史研究做出了重大贡献，影响深远。他们对地图史研究理论的阐释有着内在的一致性，都强调了对地图的重新定义，地图与其所处的社会的关系，地图与知识、权力的关系。

地图史研究的转向，并没有覆盖传统的实证主义研究，而是促使研究论题和理论主旨的多样化。地图史不再只是地图史本身：地图史同时也呈现历史，而地图更被用来构建历史，地图史与地理空间是相互创造的过程，装饰、女性主义等专题也拓展了地图史研究的广度与深度。所有这些汇合起来的一个总的效果，就是地图史超越了专题史研究的范畴，它不仅仅吸收各种社会理论，更成为促进当代社会史理论发展的一个重要资源。

附录　西方地图史研究论著概目

A

–Abraham Ortelius, *Theatrum Orbis Terrarum*, London: John Norton, 1606.

–Adolf Nordenskiöld, *Facsimile–Atlas to the Early History of Cartography with Reproductions of the Most Important Maps Printed in the XV and XVI Centuries*, New York: Dover Publications, 1973.

–Alessandro Scafi, *Mapping Paradise: A History of Heaven on Earth*, Chicago: University of Chicago Press, 2006.

–Alfred W. Crosby, *Measure of Reality: Quantification and Western Society, 1250–1600*, Cambridge: Cambridge University Press, 1997.

–Alison Blunt & Gillian Rose, eds, *Writing Women and Space: Colonial and Postcolonial Geographies*, New York: Guilford Press, 1994.

–Alexei V. Postnikov, *The Mapping of Russian American: A History of Russian–American Contacts in Cartography*, University of Wisconsin–Milwaukee, 1995，American Geographical Society Collection Special Publication No.4.

–Amerigo Vespucci, *Letters from a New World: Amerigo Vespucci's Discovery of America*, Edited by Luciano Formisano, Translated by David Jacobson, New York: Marsilio, 1992.

–Anne Aritage & Laura Beresford, *Mapping the New world: Renaissance*

Maps from the American Museum in Britain, Scala Arts & Heritage Publishers Ltd., 2013.

–Antony Leopold, *How to Recover the Holy Land: The Crusade Proposals of the Late 13th and Early 14th Centuries*, Aldershot: Ashgate, 2000.

–Armando Cortesão, *The Nautical Chart of 1424 and the Early Discovery and Cartographical Representation of America: A Study of the History of Early Navigation and Cartography*, Coimbra: University of Coimbra, 1954.

History of Portuguese Cartography, II, Coimbra: Junta de Investigações do Ultramar, 1969.

–Armin K. Lobeck, *Things Maps Don't Tell Us*, New York: Macmillan, 1956.

–Arthur Jay Klinghoffer, *The Power of Projections: How Maps Reflect Global Politics and History*, Westport: Praeger Publishers, 2006.

–Arthur H. Robinson, *Elements of Cartography*, New York: John Wiley and Sons, 1960.

Marine Cartography in Britain, Leicester: Leicester University Press, 1962.

Early Thematic Mapping in the History of Cartography, Chicago: University of Chicago Press, 1982.

The Look of Maps, Madison: University of Wisconsin Press, 1985.

–Arthur M. Hind, *Engraving in England in the Sixteenth and Seventeenth Centuries, Part I: The Tudor Period*, Cambridge: Cambridge University Press, 1952.

–Audrey Lambert, *The Making of the Dutch Landscape: An Historical Geography of the Netherlands*, 2nd ed. London: Academic Press, 1985.

–Avelino Teixeira da Mota, *Portugaliae Monumenta Cartographica*, 6 vols,

Coimbra: Imprensa Nacional Casa da Moeda, 1958–1963.

–Avril Maddrell, *Complex Locations: Women's Geographical Work in the UK, 1850–1970*, Chichester: Wiley–Blackwell, 2009.

–A. Carlucci & P. Barber, *The Lie of The Land*, London: British Library, 2001.

–A. E. Nordenskjold, *Facsimile Atlas to the Early History of Cartography*, Stockholm, 1889, reprint, New York: Dover, 1973.

Periplus: An Essay on the Early History of Charts and Sailing Directions, Translated by Francis A. Bather, Stockholm: P.O. Norstedt & Söner, 1897.

–A. G. Hodgkiss, *Understanding Maps: A Systematic History of Their Use and Development*, Folkstone, Kent: Dawson, 1981.

–A. H. Robinson & B. B. Petchenik, *The Nature of Maps: Essays toward Understanding Maps and Mapping*, Chicago: University of Chicago Press, 1976.

–A.H.W. Robinson, *Marine Cartography in Great Britain*, Leicester: Leicester University Press, 1962.

–A. Johnson, *America Explored: A Cartographical History of the Exploration of North America*, New York: Viking Press, 1974.

–A. M. MacEachren, *How Maps Work*, New York: Guildford, 1995.

B

–Barbara G. Shortridge, *Atlas of American Women*, New York: Macmillan, 1987.

–Barbara Mundy, *The Mapping of New Spain: Indigenous Cartography and the Maps of the Relaciones Geograficas*, Chicago: University of Chicago

Press, 1996.

–Bernhard Klein, *Maps and the Writing of Space in Early Modern England and Ireland*, Palgrave, 2001.

–Borden D. Dent, *Cartography: Thematic Map Design*, Dubuque, IA: Wm. C. Brown, 1996.

–Brigitte Englisch, *Ordo Orbis Terrae: Die Weltsicht in den Mappaemundi des Frühen und Hohen Mittelalters*, Berlin: Akademie, 2002.

–British Museum, *A Map of the World, Designed by Giovanni Matteo Contarini*, London, 1926.

–Brotherson, *Image of the New World: the American Continent Portrayed in Native Texts*, London: Thames & Hudson, 1979.

C

–Carla Clivio Marzoli, ed., *Imago et Mensura Mundi, Atti del IX Congresso Internazionale di Storia della Cartografia, Vol. 1.*, Rome: Enciclopedia Italiana, 1981.

–Carl I. Wheat, *Mapping the Transmississippi West, 1540–1861*. San Francisco: Institute of Historical Cartography, 1957.

–Charles Bricker, *A History of Cartography, 2500 Years of Maps and Mapmaker*, London : Thames and Hudson, 1969.

–Catherine Delano–Smith and Elizabeth Morley Ingram, *Maps in Bibles, 1500–1600: An Illustrated Catalogue*, Genève : Librairie Droz, 1991.

–Cheryl McEwan, *Gender, Geography and Empire: Victorian Women Travellers in West Africa*, Burlington, VT: Ashgate, 2000.

–Chet Van Duzer, *Sea Monsters on Medieval and Renaissance Maps*, The British Library, 2013.

–Christian Jacob, translated by Tom Conley, edited by Edward H. Dahl, *The Sovereign Map: Theoretical Approaches in Cartography Throughout History*, Chicago & London: The University of Chicago Press, 2006.

L'Empire des Cartes: Approache Théorique de la Cartographie à Travers l'Hisoire, Paris: Albin Michel, 1992.

–Christine Marie Petto, *Mapping and Charting in Early Modern England and France: Power, Patronage, and Production*, Lexington Books, 2010.

–Christopher M. Klein, *Maps in Eighteenth–Century British Magazines A Checklist*, The Newberry Library, 1989.

–Christopher Saxton, W. Ravenhill ed., *Christopher Saxton's 16th Century Maps*, Shrewsbury: Chatsworth Library, 1992.

–Clara H. Greed, *Surveying Sisters: Women in a Traditional Male Profession*, London: Routledge, 1991.

Women and Planning: Creating Gendered Realities, London: Routledge,1994.

–Claudius Ptolemy, *The Geography*, New York: Dover Publications, 1991.

–C. Albert White, *A History of the Rectangular Survey System*, Washington, DC: US Department of the Interior, Bureau of Land Management, 1983.

Initial Points of the Rectangular Survey System, Westminster, Colorado: Publishing House/Professional Land Surveyors of Colorado, 1996.

–C. Delano–Smith, and R. J. P. Kain, *English Maps: A History*, London: British Library, 1999.

–C. Driver, *Early American Maps and Views*, Charlottesville: University Press of Virginia, 1988.

–C. F. Black, ed. *et al., Atlas of the Renaissance*, Amsterdam, 1993.

–C. Raymond Beazley, *The Dawn of Modern Geography*, London: Clarendon

Press, 3v., 1897–1906.

D

–Dale L. Morgan & Carl I. Wheat, *Jedediah Smith and His Maps of the American West*. San Francisco: California Historical Society（Special Publication; no.26）, 1954.

–David A. Cobb, ed., *Guide to U.S. Map Resources*（second edition）, the American Library Association,（1986）1990.

–David Bosse, *Civil War Newspaper Maps of the Northern Daily Press: A Cartobibliography*, Westport, Conn.: Greenwood Press, 1993.

–David Buisseret, *Tools of Empire: Ships and Maps in the Process of Westward Expansion*, The Newberry Library, 1986.

ed., *From Sea Charts to Satellite Images: Interpreting North American History through Maps*, Chicago: University of Chicago Press, 1990.

ed., *Monarchs, Ministers and Maps: The Emergence of Cartography as a Tool of Government in Early Modern Europe*, Chicago: University of Chicago press, 1992.

The Mapmaker's Quest: Depicting New Worlds in Renaissance Europe, Oxford: Oxford University Press, 2003.

Rural Images: The Estate Plan in the Old and New Worlds, A Cartographic Exhibit at the Newberry Library on the Occasion of the Ninth Series of Kenneth Nebenzahl, Jr., Lectures in the History of Cartography, Catalog prepared by David Buisseret. Chicago: The Newberry Library, 1988.

–David C. Jolly, ed., *Antique Maps, Sea Charts, City Views, Celestial Charts & Battle Plans, Price Guide and Collectors' Handbook for 1983*,

Brookline（1983 年以后连续编辑出版）.

–David Eltis and David Richardson, *Atlas of the Transatlantic Slave Trade*, New Haven, CT: Yale University Press, 2010.

–David K. Carrington, and Richard W. Stephenson, *Map Collections in the United States and Canada: A Directory*, 3rd ed, New York: Special Libraries Association,. 1978.

–David Smith, *Antique Maps of the British Isles*, London: Butler & Tanner Ltd., 1982.

Victorian Maps of the British Isles, London: Pavilion Books, 1985.

–David Turnbull, *Maps are Territories: Science is an Atlas: a Portfolio of Exhibits*, Chicago: The University of Chicago Press, 1993.

–David Woodward, *Five Centuries of Map Printing*, Chicago: University of Chicago Press, 1975.

The All–American Map: Wax Engraving and Its Influence on Cartography, Chicago: University of Chicago Press, 1977.

The Maps and Prints of Paolo Forlani, A Descriptive Bibliography, Chicago: The Newberry Library, 1990.

Maps as Prints in the Italian Renaissance, London: British Library, 1996.

ed., *Art and cartography: six historical essays*, Chicago: University of Chicago Press, 1987.

–Denis Cosgrove, *Apollo's Eye: A Cartographic Genealogy of the Earth in the Western Imagination*, Baltimore: Johns Hopkins University Press, 2001.

–Denis Cosgrove, ed. *Mappings*, London: Reaktion, 1999.

–Dennis Reinhartz, *The Art of the Map, an Illustrated History of Map Elements and Embellishments*, New York, Sterling, 2012.

–Denis Wood, *The Power of Maps*, New York: Guilford, 1992.
–Derek Hayes, *Historical Atlas of Canada*, Donglas and McIntyre, First paperback edition 2006, Revised paperback edition 2015.
–Diogo Ramada Curto, Angelo Cattaneo, and André Ferrand Almeida, *La Cartografia Europea tra Primo Rinascimento e Fine dell'Illuminisno*, Florence: Leo S. Olschki, 2003.
–Donald P. Lemon, *Theatre of Empire: Three Hundred Years of Maps of the Maritimes*, Saint John: McMillan Press Ltd., 1987.
–Donna P. Koepp, *Exploration and Mapping of the American West Selected Essays*, Occasional Paper No.1, Map and Geography Round Table of the American Library Association, Speculum Orbis Press, Chicago, 1986.
–Doreen Massey and John Allen, *Geography Matters! A Reader*, Cambridge, UK: Cambridge University Press, 1984.
–Douglas McMurtrie, *Printing Geographic Maps with Movable Type*, New York: privately printed, 1925.
–D.R.F. Taylor, ed. *Cybercartography: Theory and Practice*, Maryland Heights, MO: Elsevier, 2005.
–D. Dorling & D. Fairbairn, *Mapping: Ways of Representing The World*, Harlow: Pearson, 1997.
–D. Gohm, *Antique Maps of the Americas, West Indies, Australasia, Africa, the Orient*, London: Octopus Books, 1972.
–D. Graham Burnett, *Masters of All They Surveyed: Exploration, Geography, and a British El Dorado*, Chicago: University of Chicago Press, 2000.
–D. G. Moir. *The Early Maps of Scotland to 1850,* Edinburgh: Royal Scottish Geographical Sociects of Earthquake Phaenomena, 1983.
–D. Howse, M. Sanderson, *The Sea Chart: An Historical Survey Based on*

the Collections in the National Maritime Museum, Newton Abbot: David and Charles, 1967.

–D. Turnbull, *Maps Are Territories*, Chicago: University of Chicago, 1993.

–D. Wigal, *Historic Maritime Maps*, New York: Parkstone, 2000.

–D. W. Chambers, *Imagining Landscapes*（*Nature and Human Nature*）, Geelong, Vic., Deakin University, 1984.

–D.W. Rhind, D.R.F. Taylor, eds, *Cartography Past, Present and Future*, New York: Elsevier, 1989.

E

–Edmund Thompson, *Maps of Connecticut for the Years of Industrial Revolution, 1801–1860: a descriptive list*. Windham, Conn.: Printed at Hawthorn House, 1942.

–Edward H. Dahl, and Jean–François Gauvin, *Sphaerae Mundi: Early Globes at the Stewart Museum*, Montreal: Septentrion and McGill–Queen's University Press, 2000.

–Edward Lynam, *British Maps and Map–Makers*, London: W. Collins, 1944.

–Edward L. Stevenson, *The Genoese World Map, 1457*, New York: American Geographical Society, 1912.

Portolan Charts: Their Origin and Characteristics, New York: Hispanic Society of America, 1911.

–Elly Dekker and Peter van der Krogt, *Globes from the Western World*, London: Zwemmer, 1993.

–Elisabeth Buehler, *Frauen und Gleichstellungs Atlas Schweiz*, Zurich: Seismo Verlag, 2001.

–Elisabeth Stuart, *Lost Landscapes of Plymouth: Maps, Charts and Plans to*

1800, Stroud: Alan Sutton, 1991.

–Elizabeth A. Sutton, *Early Modern Dutch Prints of Africa*, Aldershot, UK: Ashgate, 2012.

Capitalism and Cartography in the Dutch Golden Age, Chicago and London: The University of Chicago Press, 2015.

–Emilio Cueto, *Cuba in Old Maps*, Miami, The Historical Association of Southern Florida, 1999.

–Eric W. Wolf, ed., *The History of Cartography, A Bibliography, 1981–1992*, The Washington Map Society in Association with Fiat Lux, Washington DC and Falls Church, VA, 1992.

–Ernest George Ravenstein, *Martin Behaim, His Life and His Globe*, London: G. Philip & Son, 1908.

–Ernesto Milano & Annalisa Battini, *Il Mappamondo Catalano Estense del 1450*, Dietikon, Switzerland: Urs Graf Verlag, 1995.

–Eva Germaine Rimington Taylor, *The Haven–Finding Art: A History of Navigation from Odysseus to Captain Cook*, New York: Abelard–Schuman, 1957.

–Evelyn Edson, *Mapping Time and Space: How Medieval Mapmakers Viewed Their World*, London: British Library, 1997.

The World Map, 1300–1492, Baltimore: Johns Hopkins University Press, 2007.

–Ewen A. Whitaker, *Mapping and Naming the Moon: A History of Lunar Cartography and Nomenclature*, New York: Cambridge University Press, 1999.

–E. G. R. Taylor, ed., *A Brief Summe of Geographie by Robert Barlow*, London: Hakluyt Society, 1932.

–E. L. Stevenson, *Maps Illustrating Early Discovery and Explorations in America 1502–1530*, New Brunswick, NJ: 1903–1906.

Portolan Charts: Their Origin and Characteristics, with a Descriptive List of Those Belonging to the Hispanic Society of America, New York: s. e., 1911.

Terrestrial and Celestial Globes, I, New Haven: Yale UP for the Hispanic Society of America, 1921.

F

–Felipe Fernández–Armesto, *The Genoese Cartographic Tradition and Christopher Columbus*, Translated by Ann Heck and Luciano F. Farina, Rome: Libreria dello Stato, 1996.

–Frances Woodward & Robert J. Hayward, *Fire Insurance Plans of British Columbia Municipalities: a Checklist,* Vancouver: TRIUL, 1974.

–Francesc Relano, *The Shaping of Africa: Cosmographic Discourse and Cartographic Science in Late Medieval and Early Modern Europe*, Burlington, Vt.: Ashgate, 2002.

–François de Dainville, *Cartes Anciennes de l'Eglise de France*, Paris: Librairie Philosophique, J. Vrin, 1956.

–Francois D. Uzes, *Chaining the Land: A History of Surveying In California*, Sacramento, California: Landmark Enterprises, 1977.

–Frank Lestringant, *Mapping the Renaissance World: The Geographical Imagination in the Age of Discovery*, Cambridge: Polity Press, 1994.

–F. C. Wieder, *Monumenta Cartographica*, I, The Hague: Nijhoff, 1925–33.

–F. Van Ortroy, *Bibliographie de l'Oeuvre Mercatorienne*, Amsterdam: Meridian, 1978.

G

–Gaetano Ferro, Translated into English by Hann Heck and Lucian F. Farina, *The Genoese Cartographic Tradition and Christopher Columbus*, Roma : Istituto poligrafico e Zecca dello Stato, Libreria dello Stato, 1997, c1996.

–George Herbert Tinley Kimble, *Memoir: The Catalan World Map at R. Biblioteca Estense at Modena*, London: Royal Geographical Society, 1932.

–*Geography in the Middle Ages*, London: Methuen, 1938.

–Georges Grosjean, ed., *Mappamundi: The Catallan Atlas for the Year 1375*, ZurichL Urs Graf, 1978.

–George Kish, *La Carte: Image des Civilisations*, Paris: Seuil, 1980.

–Geoff King, *Mapping Reality: An Exploration of Cultural Cartographies*, New York: St. Martin’s, 1996.

–Gilles Langelier, *National Map Collection*, Minister of Supply and Services Canada, 1985.

–Gregory C. McIntosh, *The Piri Reis Map of 1513*, Athens: University of Geogria Press, 2000.

–Gudmund Schütte: *Ptolemy’s Maps of Northern Europe: A Reconstruction of the Prototypes*, Copenhagen: Royal Danish Geographical Society, 1917.

–Guillaume Monsaingeon, *Les Voyages De Vauban*, Éditions Parenthèses, 2007.

–Günters Schilder, and James Welu, *The World Map by Peter van den Keere 1611*, Amsterdam: Nico Israel, 1980.

–Gunnar Thompson, *America's Oldest Map–141 A.D.*, Seattle: Misty Isles Press—the Argonauts, 1995.

–G. Brotherson, *Image of the New World: the American Continent Portrayed in Native Texts*, London: Thames & Hudson, 1979.

–G. Malcolm Lewis, ed., *Cartographic Encounters: Perspectives on Native American Mapmaking and Map Use*. Chicago: University of Chicago Press, 1998.

–G. Rowley, *British fire insurance plans*, Hatfield, 1984.

–G. R. Crone, *Maps and Their Makers: An Introduction to the History of Cartography*, 5th edn, Folkestone, Kent, and Archon, Hamden, Conn., Dawson, 1978.

H

–Helen Wallis and Lothar Zögnar, eds, *The Map Librarian in the Modern World*, Munich: K.G. Saur, 1979.

–Henry Fanshawe Tozer, *A History of Ancient Geography*, New York: Biblo and Tannen, 1964.

–Henry Newton Stevens, *Rare Americana including the Original Waldseemüller Maps of 1507 and 1516*, Auction catalogue. London: Stevens, Son, & Stiles, 1907.

The First Delineation of the New World and the First Use of the Name America on a Printed Map... London: Stevens, Son, & Stiles, 1928.

–Henry S. Commager, *The Official Atlas of the Civil War*, New York: Thomas Yoseloff, 1958.

–Herausgegebenn von Klaus Niehr, *Historische Stadtansichten aus Niedersachsen und Bremen 1450–1850*, Göttingen: Wallstein Verlag,

2014.

–Hildegard Johnson, *Carta Marina: World Geography in Strassburg, 1525*, Minnesota: University of Minnesota Press, 1963.

–Hugh Cortazzi, *Isles of Gold: Antique Maps of Japan*. New York: Weatherhill Inc., 1983.

–H. Groger–Wurm, *Australian Aboriginal Bark Paintings and the Mythological Interpretation*, Canberra: Australian Institute of Aboriginal Studies, 1973.

–H. Brody, *Maps and dreams: Indians and the British Columbia Frontier*, Harmondsworth: Penguin Books, 1983./ Prospect Heights: Waveland Press, 1997.

I

–Ir. C. Koeman, *The History of Abraham Ortelius and His 'Theatrum Orbis Terrarum'*, Lausanne: Sequoia, 1964.

Atlantes Neerlandici, 3 vols, Amsterdam: Theatrum orbis terrarum, 1969.

Joan Blaeu and his Grand Atlas, Amsterdam: Theatrum Orbis Terrarum, 1970.

–Ingrid Kretschmer, John Doerflinger, and Franz Wawrik, eds, *Lexikon zur Geschichte der Kartographie. Von den Anfängen bis zum Ersten Weltkrieg*（*Encyclopedia of the History of Cartography. From the Beginnings to World War I*）, Vienna: Deuticke, 1986.

–Ifor M. Evans and Heather Lawrence, *Christopher Saxton: Elizabethan Map–maker*, Wakefield and London, Wakefield Historical Publications and Holland Press, 1979.

J

–James Alexander Williamson, *The Cabot Voyages and Bristol Discovery Under Henry VII*, Cambridge, U.K.: Hakluyt Society, 1962.

–James Cowan, *A Mapmaker's Dream*, Boston: Shambala, 1996.

–James Der Derian, *Virtuous War: Mapping the Military Industrial– Media–Entertainment Network*, Boulder, CO: Westview Press, 2001.

–James Elliot, *The City in Maps: Urban Mapping to 1900*, London: The British Library Board, 1987.

– James Howgego, *Printed Maps of London Circa 1553–1850*, Folkestone: Dawson, 1978.

–James R. Akerman ed., *Cartographies of Travel and Navigation*, Chicago: University of Chicago Press, 2006.

ed., *The Imperial Map: Cartography and the Mastery of Empire*, Chicago: University of Chicago Press, 2009.

–Janet E. Mersey, *Colour and Thematic Map Design: The Role of Colour Scheme and Map Complexity in Choropleth Map Communication*, Published as a Cartographica Monograph, No. 41. Toronto: University of Toronto Press, 1990.

–Jeffrey A. Kroessler, *A Guide to Historical Map Resources for Greater New York*, Chicago: Speculum Orbis Press, 1988.

– Jeffrey S. Murray, *Terra Nostra: the Stories Behind Canda's Maps: 1550–1950*, Georgetown: McGill–Queen's University Press, 2006.

–Jerry Brotton, *Trading Territories: Mapping the Early Modern World*, Ithaca, NY: Cornell University Press, 1998.

–Jeremy Black, *Maps and Politics*, London: Reaktion, 1997.

Maps and History: Constructing Images of the Past, New York and London, Yale University Press, 1997.

Visions of the World: A History of Maps. London: Octopus Publishing Group Limited, 2003.

Metropolis Mapping the City,（London · New Delhi · New York · Sydney）Bloomsbury, 2015.

–Jeremy Harwood, *To the Ends of the Earth: 100 Maps that Changed the World,* Cincinnati: F+W Publications Inc., 2006.

–Jeremy W. Crampton, *Mapping: A Critical Introduction to Cartography and GIS*, Chichester, UK: Wiley–Blackwell, 2010.

–Jill Casid, *Sowing Empire: Landscape and Colonization*, Minneapolis: University of Minnesota Press, 2005.

–Joan Dawson, *The Mapmaker's Eye: Nova Scotia through Early Maps*, Halifax: Co–Publiched by Nimbus Publishing Limited and The Nova Scotia Museum, 1988.

The Mapmakers' Legacy: Nineteenth–Century Nova Scotia through Maps, Halifax : Nimbus Publishing Ltd, 2007.

–John Boyd Thacher, *The Continent of America: Its Discovery and Its Baptism*, New York: W. E. Benjamin, 1896.

–John Brain Harley and David Woodward, *The History of Cartography*, Chicago: University of Chicago, 1987–（Harley 和 Woodward 先后去世，主编已换，全书至今尚未出齐）.

–John Brain Harley, *Maps and the Columbian Encounter*, Milwaukee: Golda Meir Library, University of Wisconsin, 1990.

The New Nature of Maps: Essays in the History of Cartography, Edited by Paul Laxton, Baltimore: Johns Hopkins University Press, 2001.

–John Ebert and Katherine Ebert, *Old American Prints for Collectors*, New York: Scribner's and Son, 1974.

–John Goss, *The Mapmaker's Art: An Illustrated History of Cartography*, Skokie, IL: Rand McNally, 1993.

–John Noble Wilford, *The Mapmakers*, New York: Knopf, 1981, 2000, 2002.

–John Ogilby & William Morgan, *A Large and Accurate Map of the City of London*（facsimile）, Intorductory notes by Ralph Hyde. Lympne Castle（Kent）: Harry Margary, 1976.

–John Paul Jones, Heidi J. Nast, and Susan M. Roberts, eds, *Thresholds in Feminist Geography: Difference, Methodology, Representartion*, Lanham, MA: Rowman and Littlefield, 1977.

–John Pickles, ed, *Ground Truth: The Social Implications of Geographic Information Systems*, New York: Guilford Press, 1995.

–John R. Hebert, & Anthony P. Mullan, *The Luso–Hispanic World in Maps: A Selective Maps to 1900 in the Collections of the Library of Congress*. Washington: Library of Congress, 1999.

–John Rennie Short, *Alternative Geographies*, Harlow: Pearson, 2000. *Representing The Republic*, London: Reaktion, 2001.

–John Rennie Short, *The World Though Maps: A History of Cartography*, Toronto: Firefly Books Ltd. 2003.

Making Space: Revisioning the World, 1475–1600, Syracuse: Syracuse University Press, 2004.

–John Speed and Alasdair Hawkyard, *The Counties of Britain. A Tudor Atlas by John Speed*, London: Pavilion Books in association with the British Library, 1988.

–John Winearls ed., *Editing Early and Historical Atlases*, Toronto: University of Toronto Press, 1995.

–John Wolter and Ronald Grim,eds, *Images of the World*, Washington, DC: Library of Congress, 1997.

–Jonathan Potter, rev. Ed, *Collecting Antique Maps: An Introduction to the History of Cartography*, London: Jonathan Porter, 1999.

–Jonathan T. Lanman, *On the Origin of Portolan Charts*, Chicago: Newberry Library, 1987.

–Josef Konvitz, *Cartography in France, 1660–1848: Science, Engineering, and Statecraft*, Chicago: University of Chicago Press, 1984.

–Jovanka Risticed., *Manuscript and Annotated Maps, in the American Geographical Society Library: A Cartobibliography*, Board of Regents of the University of Wisconsin System, 2010.

–Judith Tyner, *The World of Maps and Mapping*, New York: McGraw–Hill, 1973.

Introduction to Thematic Cartography, Englewood Cliffs, NJ: PrenticeHall, 1992.

Principles of Map Design, New York: Guilford, 2010.

Stitching the World: Embroidered Maps and Women's Geographical Education, Surrey（England）: Ashgate Publishing Limited, 2015.

–Julie Nichols, *Maps and Meaning: Urban Cartography and Urban Design*, Palo Alto（CA）: Academica Press, LLC, 2014.

–J. Haywood, et al., *Atlas of World History*, New York: Barnes & Noble, 2001.

–J.H. Andrew, *Maps in Those Days: Cartographic Methods Before 1850*, Dublin 8:Four Courts Press, 2009.

–J. G. Links, *Townscape Painting and Drawing*, London: Batsford, 1972.

–J. Oliver Thomson, *History of Ancient Geography*, Cambridge: Cambridge University Press, 1948.

–J. P. Snyder, *Flattening the Earth: Two Thousand Years of Map Projections*, Chicago: University of Chicago, 1993.

–J. S. Keates, *Understanding Maps*, London: Longman, 1982.

K

–Karen Piper, *Cartographic Fictions: Maps, Race and Identity*, Piscataway, NJ: Rutgers University Press, 2002.

–Kay Atwood, *Chaining Oregon: Surveying the Public Lands of the Pacific Northwest, 1851–1855*, Blacksburg: The McDonald and Woodward Publishing Company, 2008.

–Kees Zandvliet, *Mapping for Money: Maps, Plans and Topographic Paintings and Their Role in Dutch Overseas Expansion During the 16th and 17th Centuries*, Amsterdam: Batavian Lion International, 1998.

–Kemal Özdemir, *Ottoman Nautical Charts and the Atlas of Ali Macar Reis*, Istanbul: Creative Yayincilik ve Tanitim, 1992.

–Kenneth Nebenzahl, *Maps of the Holy Land: Images of Terra Sancta through Two Millennia*, New York: Abbeville, 1986.

Atlas of Columbus and the Great Discoveries, Chicago: Rand McNally, 1990.

–Kirsten Seaver, *Maps, Myths, and Men: The Story of the Vinland Map*, Stanford: Stanford University Press, 2004.

–Konrad Kretschmer, *Die Italienischen Portolane des Mittelalters: Ein Beitrag zur Geschichte der Kartographie und Nautik*, 1909. Reprint, Jildesheim: G. Olms, 1962.

–Konrad Miller, Mappaemundi: *Die Ältesten Weltkarten*, 6 Vols, Stuttgart: J. Roth, 1895–1898.

L

–Lawrence C Wroth, *The Early Cartography of the Pacific*, New York: The Papers of the Bibliographical Society of America, Volume Thirty–Eight Number Two, 1944.

–Leonid S. Chekin, *Northern Eurasia in Medieval Cartography: Inventory, Text, Translation and Commentary*, Turnhout: Brepols, 2006.

–Lester Cappon, Barbara B. Petchenik, and John H. Long. *Atlas of Early American History: The Revolutionary Era, 1760–1790*, Princeton, NJ: Princeton University Press, 1976.

–Library of Congress & Richard W. Stephenson, *Civil War Maps: An Annotated List of Maps and Atlases in the Library of Congress. 2nd ed.* Washington: Library of Congress, 1989.

–Library of Congress & Andrew M. Modelski, *Railroad Maps of the United States: A Selective Annotated Bibliography of Original 19th–century Maps in the Geography and Map Division of the Library of Congress*. Washington: Library of Congress.1975.

–Lise Nelson, and Joni Seager, eds, *A Companion to Feminist Geography*, Malden, MA: Blackwell, 2005.

–Lola Cazier, *Surveys and Surveyors of the Public Domain 1785–1975*, Washington, DC: US Department of the Interior, 1977.

–Lorraine Dubreuil, ed., *Directory of Canadian Map Collections*, Association of Canadian Map Libraries and Archives, 1986（5th edition）. *World Directory of Map Collections*, 3rd ed, Munich: K.G. Saur, 1993.

–Lorraine Dubreuil & Cheryl A. Woods, *Catalogue of Canadian Fire Insurance Plans 1875–1975*. Ottawa: Association of Canadian Map Libraries and Archives, 2002.

–L. Brown, *The Story of Maps*, Boston: Little, Brown & Co., 1949.（Lloyd A. Brown）

–L. Bagrow, *History of Cartography*, Revised and Enlarged R. A. Skelton, London: C. A. Watts, 1964、1966（Leo Bagrow and R. A. Skelton, *History of Cartography*, Enlarged 2nd ed. New York: Precedent, 1985）.

–L. Farrall, *Unwritten Knowledge: Case Study of the Navigators of Micronesia*（*Knowledge and power*）, Geelong, Vic., Deakin University, 1984.

M

–Manosi Lahiri, *Mapping India*, New Delhi, Niyougi Books, 2012.

– Marcel van den Broecke, *Ortelius Atlas Maps*, Netherlands, 1996.

–Mark Monmonier, *Maps, Distortion, and Meaning*, Washington, DC: Association of American Geographers, 1977.

Maps with the News: The Development of American Journalistic Cartography, Chicago: University of Chicago Press, 1989.

How to Lie with Maps, Chicago: University of Chicago Press, 1996.

Spying with Maps, Chicago: University of Chicago Press, 2002.

–Mark Warhus, *Another America: Native American Maps and the History of Our Land*, New York: St. Martin's Press, 1997.

–Margarita Zamora, *Reading Columbus*, Berkeley: University of California Press, 1993.

–Martin Brückner, *The Geographic Revolution in Early America: Maps,*

Literacy, and National Identity, Chapel Hill: University of North Carolina Press, 2006.

ed., *Early American Cartographies*, Chapel Hill: University of North Carolina Press, 2011.

–Martin Waldseemüller, *The Cosmographiae Introductio*, New York: United States Catholic Historical Society, 1907.

–Matthew H.Edney, *Mapping an Empire: The Geogmaplical Constraction of British India 1765–1843*, Chicago: University of Chicago Press, 1999.

Cartography: The Ideal and its History, Chicago: The University of Chicago Press, 2019.

–Mary R. Ravenhill & Margery M. Rowe, ed., *Devon Maps and Map–makers: Manuscript Maps Before 1840, Volume I, Volume II*, Exeter: Short Run Press Ltd., 2002; Supplement, Exeter: Short Run Press Ltd., 2010.

–Mary Sponberg Pedley, *The Commerce of Cartography: Making and Marketing Maps in Eighteenth–Century France and England*, Chicago: University of Chicago Press, 2005.

–Maurice Beresford, *History on the Ground*, London, Lutterworth Press, 1957.

–Michael Peterson, ed, *International Perspectives on Maps and the Internet*, Berlin: Springer, 2008.

–Michael Swift, *Historische Landkarten Europa*, London: PRC Publishing, 2000; Augsburg: Weltbild Vertag GmbH., 2000.

–Michel Mollat du Jourdin, etc. *Sea Charts of the Early Explorers*, Translated by L. leR. Dethan, London: Thames and Hudson, 1984.

–Michiel van Groesen, *The Representation of the Overseas World in the De*

Bry Collection of Voyages（*1590–1634*）, Leiden: Brill, 2008.
–Mine Esiner Ozen, with Nestern Refioglu, translated, & ed., *Pirî Reis and His Charts*, Istanbul, N. Refioglu Publications, 1998.
–Mona Domosh and Joni Seager, *Putting Women in Place: Feminist Geographers Make Sense of the World*, New York: Guilford, 2001.
–Monique Pelletier, ed., *Couleurs de la Terre: Des Mappemondes Médiévales aux Imags Satellitales*, Paris: Seuil, 1998.
–M. Destombes, *Mappemondes AD 1200–1500*, Amsterdam: N. Israel, 1964.
–M. Harvey, *The Island of Lost Maps*, New York: Random, 2000.
–M. Evans & Heather Lawrence, *Christopher Saxton: Elizabethan Map–maker*, Wakefield and London, Wakefield Historical Publications and Holland Press, 1979.

N

–Nadine Orenstein, *Hendrick Hondius and the Business of Prints in Seventeenth–Century Holland*, Rotterdam: Sound & Vision Interactive, 1996.
–Nan A. Rothschild, *Colonial Encounters in a Native American Landscape: The Spanish and Dutch in North America*, Washington, DC: Smithsonian, 2003.
–Naomi Reed Kline, *Maps of Medieval Thought*, Woodbridge: Boydell, 2001.
–Nicholas Crane, *Mercator: The Man Who Mapped the Planet*, New York: Henry Holt, 2002; London: Weidenfeld and Nicolson, 2002.
–Nicholas Martland, ed., *Guide to Map Collections in Singapore*, Singapore: Reference Serbices Division, National Library, 1987.

–Nicolás Wey Gomez, *The Tropics of Empire: Why Columbus Sailed South to the Indies*, Cambridge, Mass.: The MIT Press, 2008.

–Noel O' Reilly, David Bosse, and Robert W. Karrow, *Civil War Maps: A Graphic Index to the Atlas to Accompany the Official Records of the Union and Confederate Armies*, Chicago: Newberry Library, 1987.

–Norman Etherington, ed., *Mapping Colonial Conquest: Australia and Southern Africa*, Western Australia: University of Western Australia Press, 2007.

–Norman J.W. Thrower, *Maps and Man*, Englewood Cliffs, NJ: Prentice–Hall, 1972.

Maps and Civilization: Cartography in Culture and Society, third edition, Chicago and London: The University of Chicago Press, 2007（1972, 1996, 1999）.

–N. Williams, *The Yolgnu and Their Land: A System of Land Tenure and the Fight for Its Recognition*, Australian Institute of Aboriginal Studies, Canberra, 1986.

O

–O. A. W. Dilke, *Greek and Roman Maps*, London: Thames and Hudson, 1985.

P

–Paolo Emilio Taviani, *Christopher Columbus: The Grand Design*, London: Orbis, 1985.

–Patricia Seed, *The Oxford Map Companion: One Hundred Sources in World History*, New York, Oxford: Oxford University Press, 2014.

–Patrick Gautier Dalché, *Carte Marine et Portulan au XIIe Siècle: Le 'Lober de Existencia Riveriarum et Forma Maris Nostri Mediterranei'*（*Pise c. 1200*）, Rome: Ècole Française de Rome, 1995.

La "Descriptio Mappe Mundi" de Hugues de Saint–Victor, Paris: Edudes Augustiniennes, 1988.

–Paul Cohen, and Robert Augustyn, *Manhattan in Maps: 1527–1995*, New York: Rizzoli, 2006.

–Paul D. A. Harvey, *The history of topographical maps: symbols, pictures and surveys*, London: Thames & Hudson, 1980.

Medieval Maps, London: British Library, 1991.

Maps in Tudor England, Chicago: the University of Chicago Press, 1993.

Mappa Mundi: The Hereford World Map, London: British Library,1996.

ed., *The Hereford World Map: Medieval Maps and Their Context: Proceedings of the Mappa Mundi Conference, 1999*, London: British Library, 2006.

–Peter Barber, *London: A History in Maps*, London: The London Topographical Society, 2012.

–Peter Benes, *New England Prospect: A Loan Exhibition of Maps at the Currier Gallery of Art, Manchester, New Hampshire*. Boston: Boston University Press, 1981.

–Peter C. Sutton, *Masters of 17th– Century Dutch Landscape Painting*, Philadelphia: University of Pennsylvania Press, 1987.

–Peter van der Krogt, *Old Globes in the Netherlands, A Catalogue of Terrestrial and Celestial Globes Made Prior to 1850 and Preserved in Dutch Collections*, Utrecht: HES Uitgevers, 1984（Translated from the

Dutch manuscript by Willie ten Haken）.

Globi Neerlandici. The Production of Globes in the Low Countries, Utrecht: HES, 1993.

–Peter Whitfield, *The Image of the World*, London: British Library, 1994.

–Phyllis Pearsall, *From Bedsitter to Household Name: The Personal Story of A–Z Maps*, Sevenoaks, Kent, UK: Geographers' A–Z Map Company, 1990.

–Piet Lombaerde, and Charles van den Heuvel, eds, *Early Modern Urbanism and the Grid: Town Planning in the Low Countries in International Context.* Turnhout, Belgium: Brepols, 2011.

–P. Allen, *Mapmaker's Art: Five Centuries of Charting the World*, New York: Barnes and Noble, 2000.

–P. Whitfield, *The Image of the World*, London: British Library, 1994.

The Mapping of The Heavens, London: British Library, 1995.

The Charting of The Oceans, London: British Library, 1996.

–Public Archives of Canada, ed., *Proceedings of the First National Conference on Canadian Map Libraries*, Ottawa: Public Archives of Canada, 1967.

R

–Ralph Hyde, *Printed Maps of Victorian London 1851–1900*, Folkestone: Wm. Dawson & Sons Ltd., 1975.

–Raymond Lister, *Old Maps and Globes: with a List of Cartographers, Engravers, Publishers and Printers Concerned with Printed Maps and Globes from c. 1500 to c. 1850*, London: Bell & Hyman Limited, 1965（1970,1979）.

–Raymond B. Craib, *Cartographic Mexico: A History of State FIXATIONS and Fugitive Landscapes*, Durban and London: Duke University Press, 2004.

–Renzo Dubbini, *Geography of the Gaze*, Translated by Lydia G. Cochrane. Chicago: University of Chicago Press, 2002.

–Ricardo Padrón, *The Spacious Word: Cartography, Literature, and Empire in Early Modern Spain*, Chicago: University of Chicago Press, 2004.

–Richard J. A. Talbert, *Rome's World: the Peutinger Map Reconsidered*, New York: Cambridge University Press, 2010.

–Richard J. A. Talbert, ed., *Ancient Perspectives: Maps and Their Place in Mesopotamia, Egypt, Greece & Rome*, Chicago and London: The University of Chicago Press, 2012.

–Richard J. A. Talbert & Richard W. Unger, ed., *Cartography in Antiquity and the Middle Ages: Fresh Perspectives, New Methods*, Leiden · Boston: Koninkligke Brill NV, 2008.

–Richard W. Stephenson, *Civil War Maps: An Annotated List of Maps and Atlases in the Library of Congress*, Washington: Library of Congress, 1989.

–Roberta Buchanan, Anne Hart, and Bryan Greene, eds. *The Woman Who Mapped Labrador: The Life and Expedition Diary of Mina Hubbard*, Montreal and Kingston: McGill–Queen's University Press, 2005.

–Robert Clancy, John Manning, and Henk Brolsma, *Mapping Antarctica, A Five Hundred Year Record of Discovery*, Springer & Chichester（UK）: Praxis Publishing, 2014.

–Robert W. Karrow, Jr., *Mapmakers of the Sixteenth Century and their Maps: Bio–Bibliographies of the Cartographers of Abraham Ortelius*, Chicago:

Speculum Orbis Press for the Newberry Library, 1993.

–Rodney W. Shirley, *The Mapping of the World: Early Printed Maps, 1472–1700*, London: Holland Press,1983.

–Roger J. P. Kain,, and Elizabeth Baigent. *The Cadastral Map in the Service of the State: A History of Property Mapping*, Chicago: University of Chicago Press, 1992.

–Roger M. Downs and David Stea, *Maps in Minds: Reflections on Cognitive Mapping*, New York: Harper & Row, 1977.

–Ronald Tooley, *Maps and Map–Makers*, London: B.T. Batsford, 1949.（New York: Dorest Press, 1987 seventh edition, reprinted 1990）

Tooley's Dictionary of Mapmakers, Tring, Hertfordshire, England: Map Collector Publictions Limited, 1979（©Meridian Publishing Company and Alan R. Liss, Inc.）.

–R. A. Skelton, *Explorer's Maps*, London: Spring Books, 1958.

Decorative Printed Maps of the 15th to 18th Centuries, London: Spring Books, 1966.

ed., *Francesco Berlinghieri: Geographia*, Amsterdam: Theatrum Orbis Terrarum, 1966.

Maps: A Historical Survey of Their Study and Collecting, Chicago: University of Chicago Press, 1972.

–R.A. Skelton and J. Summerson, *A Description of Maps and Architectural Drawings in the Collection Made by William Cecil, First Baron Burghley Now at Hatfield House*, Oxford: The Roxburghe Club, 1971.

–R.A. Skelton and P.D.A. Harvey ed., *Local Maps and Plans from Medieval England*, Oxford : Clarendon, 1986.

–R. Putman, *Early Sea Charts*, New York: Abbeville Press, 1983.

–R. Van Oers, *Dutch Town Planning Overseas During VOC and WIC Rule*（*1600–1800*）, Zutphen: Walburg Pers, 2000.

S

–Samuel Eliot Morison, *The European Discovery of America: The Southern Voyages, 1492–1616*, Oxford: Oxford University Press, 1974.

–Sarah Hartley, *Mrs P's Journey: The Remarkable Story of the Woman Who Created the A–Z Map*, New York: Simon and Schuster, 2002.

–Sarah Tyacke, *London Map–Sellers, 1660–1720*, Tring, Hertfordshire, UK: Map Collector Publications, 1978.

ed., *English Map–making 1500–1650*, London, British Library, 1983.

–Sarah Tyacke & John Huddy, *Christopher Saxton and Tudor Mapmaking*, London, British Library, 1980.

–Saraswati Raji, Peter Atkins, and Janet G. Townsend, *Atlas of Women and Men in India*, New Delhi: International Books, 2000.

–Seymour I. Schwartz, *This Land is Your Land: the Geographic Evolution of the United States*, New York: Harry N. Abrams, Incorporated, 2000

Putting "America" on the Map, Amherst, N.Y.: Prometheus, 2007.

–Shahnaz Huq–Hussain, Amanat Ullah Khan, and Janet Momsen, *Gender Atlas of Bangladesh*, Dhaka: Geographical Solutions Research Centre, 2006.

–Shirley Ardener, ed, *Women and Space: Ground Rules and Social Maps*, London: Croom Helm, 1981.

–Staffan Helmfrid, *National Atlas of Sweden: The Geography of Sweden*, Vällingby, Sweden: Sveriges Nationalatlas, KartCentrum, 1996.

–Stephen J. Hornsby, *Surveyors of Empire: Samuel Holland, J.F.W. Des*

Barres, and the Making of the Atlantic Neptune, McGill–Queen's University Press, 2011.

–Stuart Allan, Aileen R. Buckley, and James E. Meacham, *Atlas of Oregon*, 2nd edition, Edited by William G. Loy. Eugene, Oregon: University of Oregon Press, 2001.

–Susan Gole, *Early Maps of India*, New Delhi: Arnold–Heinemann Publishers（India）Private Limited, 1976.

India within the Ganges, New Delhi: Jayaprints, 1983.

–S. Berthon, A. Robinson, *The Shape of The World*, London: Rand McNally,1991.

–S. M. Ziauddin Alavi, *Geography in the Middle Ages*, Delhi: Sterling, 1966.

–S. Winchester, *The Map that Changed the World*, London: Viking, 2001.

T

–Tarikhu Farrar, *Building Technology and Settlement Planning in a West African Civilization: Precolonial Akan Cities and Towns*, Lewiston, NY: Mellen University Press, 1996.

–Terry A. Slocum, *Thematic Cartography and Visualization*, Upper Saddle River, NJ: Prentice Hall, 1999.

–Thongchai Winichakul, *Siam Mapped a History of the Geo–body of a Nation*, Honolulu: University of Hawaii Press, 1994.

–Tim Ross, ed., *Directory of Canadian Map Collections*, Association of Canadian Map Libraries and Archives, 1992（6th edition）.

–Toby Lester, *The Fourth Part of the World: The Race to the Ends of the Earth, and the Epic Story of the Map That Gave America its Name*, New York, Free Press, 2009.

–Tom Conley, *Self– Made Map: Cartographic Writing in Early Modern France*, Minneapolis: University of Minnesota Press, 1996.

–Thomas Suárez, *The Art of Maps: Of Mortals and Myth: The Human Figure on Antique Maps*, Eugene, OR: Aster Press, 1997.

Early Mapping of Southeast Asia, Hong Kong: Periplus Editions（HK） Ltd. 1999.

–Tony Campbell, *Early Maps*, New York: Abbeville Press, 1981.

The Earliest Printed Maps, 1472–1500, London: The British library, 1987.

–Tullia Gasparrini Leporace, *Il Mappamondo di Fra Maura*, Rome: Istituto Poligrafico dello Stato, 1956.

V

–Valerie Flint, *The Imaginative Landscape of Christopher Columbus*, Princeton: Princeton University Press, 1992.

–Vincent Virga & Ray Jones, *California: Mapping the Golden State through History*: Rare and Unusual Maps from the Library of Congress, Morris Book Publishing, LLC. 2010.

W

–Walter W. Ristow, *American Maps and Mapmakers: Commercial Cartography in the Nineteenth Century*, Detroit: Wayne State University Press, 1985.

–Will C. Van Den Hoonaard, *Map Worlds: A History of Womean in Cartography*, Ontaria: Wilfrid Laurier University Press, 2013.

–William A. Burt, *A Key to the Solar Compass, and Surveyor's Companion*,

Philadelphia, Pennsylvania: WilliS. Young, 1855.

–William G. Loy, editor, *Atlas of Oregon*, Eugene, Oregon: University of Oregon Press, 1976.

–William M. Ivins, *Prints and Visual Communication*, Cambridge, Mass.: MIT Press 1969.

–W.A. Heidel, *The Frame of Ancient Greek Maps*, New York: American Geographical Society, 1937.

–W. E. Bull, H. F. Willaims, *Semeianca del Mundo: A Medieval Description of the World*, Berkeley and Los Angeles: University of California Press, 1959.

–W. Ravenhill, ed., *Christopher Saxton's 16th Century Maps*, Chatsworth Library, 1992.

Others

Manuscript Maps, Charts, and Plans, and Topographical Drawings in the British Museum, Vol.1–3, 1861, printed by Order of the Trustees, London, Mclcccxliv.

索　引

A

Adams, Douglas ——（英）道格拉斯·亚当斯（1931—2004）：6

Agnese, Battista ——巴蒂斯塔·阿涅塞（约 1500—1564）：94，135

A Guide to Historical Map Resources for Greater New York ——《纽约地区古旧地图资源指南》：10

A History of the Ordnance Survey ——《英国陆地测量局史》：37

Alberti, Leon Battista ——（意）莱昂·巴蒂斯塔·阿尔贝蒂（1404—1472）：178

Al-Idrisi ——伊德里西（1100—1165）：132

A List of Geographical Atlases in the Library of Congress ——《国会图书馆地理图集目录》：3

Almagià, Roberto ——（意）罗伯托·阿尔马贾（1884—1962）：21

Atlas of the Counties of England and Wales ——《英格兰和威尔士地图集》：136–137

American Atlas ——《美国地图集》：140

American Beginnings: Exploration, Culture, and Geography in the Land of Norumbega ——《美国的起源：新大陆的探险、文化与制图》：57

American Book Prices Current ——《美国流通书价》：7

Amherst, Jeffrey ——（英）杰弗里·阿默斯特（1717—1797）：111

Ancient Perspectives: Maps and Their Place in Mesopotamia, Egypt, Greece & Rome ——《古代透视：美索不达米亚、埃及、希腊与罗马的地图与他们的地方》：100

Andrews, J. H.——（爱）约翰·H. 安德鲁斯（1927—2019）：29，99，107

Angeli, Jacopo ——雅各布·安杰利：178

Antique Maps of the British Isles ——《英伦古旧地图》：8，24

Antique Maps, Sea Charts, City Views, Celestial Charts & Battle Plans, Price Guide and Collectors' Handbook for 1983——《1983 年古旧地图、海图、城市图片、天体图和战争布防图价格指南与收藏手册》：6

Apian, Peter ——（德）彼得·阿皮安（1495—1552）：136

Apian, Philip ——（德）菲利普·阿皮安（1531—1589）：134

Aristotle ——亚里士多德：177

Astronomicum Caesareum ——《御用天文学》：136

Atwood, Kay ——（美）凯·阿特伍德（1942—2014）：101–102，106–107

B

Bacon, Roger ——罗杰·培根（约 1219/20–1292）：177

Bagrow, Leo ——（俄）利奥·巴格罗（1881—1957）：3–4，23

Baigent, Elizabeth ——伊丽莎白·贝金特：162，168，196

Baker, Alan ——（英）艾伦·贝克（1938—）：32–33

Baker, Emerson W.——埃默森·W. 贝克（1958—）：57

Barber, Peter ——彼得·巴伯：146–149，151

Barros ——巴罗斯：124

Baynton–Williams, Roger ——（英）罗杰·贝恩顿 – 威廉姆斯（1936—

2011）：25
Behaim, Martin ——（德）马丁·贝海姆（1459—1507）：134，179，186
Bennett, Jim ——（英）吉姆·本内特（1947—）：122
Bering, Vitus ——维图斯·白令（1681—1741）：153
Berlinghieri, Francesco ——（意）弗朗切斯科·贝林吉耶里（1440—1501）：183–184
Black, Jeremy ——（英）杰里米·布莱克（1955—）：156，158
Blaeu, Joan ——（荷）约安·布劳（1596—1673）：167–168，186
Blaeu, Willem ——（荷）威廉·布劳（1571—1638）：135，168
Blakemore, M. J.——布莱克莫尔：205
Blumer, Herbert ——（美）赫伯特·布鲁默（1900—1987）：196
Boccaccio, Giovanni ——（意）薄伽丘（1313—1375）：177
Bonacker, Wilhelm ——（德）威廉·邦克（1888—1969）：4
Bookman's Price Index ——《书商价格指南》：7
Booth, Charles ——（英）查尔斯·布思（1840—1916）：143
Bordone, Benedetto ——贝内代托·博尔多内（1460—1531）：124
Borges, Jorge Luis ——（阿根廷）豪尔赫·路易斯·博尔赫斯（1899—1986）：70
Bosse, David ——大卫·博斯：200–205
Bouchette, Joseph ——约瑟夫·布谢特（1774—1841）：114
Bourdieu, Pierre ——（法）皮埃尔·布尔迪厄（1930—2002）：166
Boyden, Mark ——马克·博伊登：102
Bracciolini, Poggio ——波焦·布拉乔利尼（1380—1459）：179
Braun, Georg ——（德）格奥尔格·布劳恩（1541—1622）：138
Bretez, Louis ——路易·布勒泰（?–1737）：139–140

Brettell, Richard ——（美）理查德·布雷特尔（1949—2020）：165

Brevoort, Robert N.——罗伯特·N. 布雷武特：102

Bricker, Charles ——查尔斯·布里克：5

Briggs, Henry ——（英）亨利·布里格斯（1561—1630）：153

Britannia ——《大不列颠》：8

British Museum Catalogue of Printed Maps ——《大英博物馆印刷地图目录》：3

Brotton, Jerry ——（英）杰里·布罗顿（1969— ）：182–183，185

Brown, Lloyd A.——（美）劳埃德·布朗（1907—1966）：23

Brown, John Nicholas ——约翰·尼古拉斯·布朗：181

Brückner, Martin ——马丁·布吕克纳：166

Buisseret, David ——大卫·布塞雷特：1，40，117，172，181

Buondelmonti, Cristoforo ——克里斯托福罗·布翁东莫蒂（约 1385—1430）：97

By, John ——（英）约翰·比（1779—1836）：112

C

Cabot, John ——（意）约翰·卡伯特（约 1450—1500）：134

Cadastral maps ——地籍图：114

Campbell, Tony ——托尼·坎贝尔：20，23

Camden, William ——（英）威廉·卡姆登（1551—1623）：8

Cão, Diogo ——迪奥戈·康：179

Capitalism and Cartography in the Dutch Golden Age ——《荷兰黄金时代的资本主义与地图学》：164–169

Capra, Dominick La ——（美）多米尼克·拉卡普拉（1939— ）：64

Caraci, Luzzana ——（意）卢扎纳·卡拉奇（1939— ）：93

Carey, Mathew ——马修·凯里：140
Cartier, Jacques ——雅克·卡蒂埃（1491—1557）：134
Cartographic Fictions: Maps, Race, and Identity ——《测绘虚构：地图、种族与认同》：87
Cartographic Mexico: A History of State Fixations and Fugitive Landscapes ——《测绘墨西哥：国家依恋与片断景观的历史》：172
Cartography in Antiquity and the Middle Ages: Fresh Perspectives, New Methods ——《古代和中世纪的地图学：新视野与新方法》：86
Çatal Hüyük ——加泰土丘：73
Caverio, Nicolò de ——尼科洛·德卡韦里奥：94
Cecil, William ——威廉·塞西尔：120
Cellarius, Andreas ——安德烈亚斯·塞拉里于斯（约1596—1665）：138
Chadwick, Edvin ——（英）埃德温·查德威克（1800—1890）：143
Chambers, David Wade ——大卫·韦德·钱伯斯：66
Champlain, Samuel de ——（法）萨米埃尔·德尚普兰（约 1567—1635）：111，134
Chaining Oregon: Surveying the Public Lands of the Pacific Northwest, 1851–1855——《链接俄勒冈：1851—1855 年太平洋西北区公地测量》：100–101，107
Christopher Columbus and the Genoese School of Cartography ——《哥伦布与热那亚测绘学校》：92
Christopher Saxton and Tudor Mapmaking ——《克里斯托弗·萨克斯顿和都铎时期的地图制造》：24
Chrysoloras, Manuel ——曼努埃尔·赫里索洛拉斯（约 1350—1415）：

178

Churchill, Edwin A.——埃德温·A. 邱吉尔：57

Civitates Orbis Terrarum ——《世界城市》：138

Claesz, Cornelis ——科内利斯·克拉斯：168

Clancy, Robert ——罗伯特·克兰西：101，107

Clavus, Claudius ——（丹）克劳迪乌斯·克劳森（1388—）：178

Clements, William L.——（美）威廉·L. 克莱门茨（1861—1934）：200

Cloud, John ——约翰·克劳德：29

Colombo, Cristoforo ——（意）克里斯托弗·哥伦布（1451—1506）：34，91–94，107，152，156，175，177，179–180

Contarini, Giovanni Matteo ——乔瓦尼·马泰奥·孔塔里尼（1452—1507）：134

Conti, Niccolò ——（意）尼科洛·孔蒂（约 1395—1469）：179

Cook, James ——（英）詹姆斯·库克（1728—1779）：111，113，135，139，142

Cooling, Benjamin Franklin ——（美）本杰明·富兰克林·库林（1938—）：205

Coronelli, Vincenzo ——（意）温琴佐·科罗内利（1650—1718）：3

Cosa, Juan de la ——（西）胡安·德拉科萨（?—1510）：134

Cosgrove, Denis ——（英）丹尼斯·科斯格罗夫（1948—2008）：29，42，166

Cosmographia ——《宇宙志》：136

Covilhã, Pêro da ——佩罗·达·科维良：179

Craib, Raymond B.——雷蒙德·克雷布（1967—）：172

Crone, Gerald Roe ——（英）杰拉尔德·罗·克龙（1899—1982）：5，21

Cronologia Universale ——《宇宙编年》：3

Cueto, Emilio ——埃米利奥·奎托：17

Cuningham, William ——威廉·坎宁安：120

D

Dagognet, François ——（法）佛朗索瓦·达高涅（1924—2015）：82

d’Ailly, Pierre ——（法）皮埃尔·达利（1351—1420）：178

Daniell, William ——（英）威廉·丹尼尔（1769—1837）：147

Darwish, Mahmud ——（巴勒斯坦）马哈茂德·达尔维什（1941—2008）：57

Dauenhauer, Bernard P.——伯纳德·P. 道恩豪尔（1932— ）：64

Davies, Charles ——（美）查尔斯·戴维斯（1798—1876）：102

Davis, Bruce ——布鲁斯·戴维斯：199

Dawson, Joan ——琼·道森：108–109

De’Barbari ——（意）德巴尔巴里：137

de Fonte ——德丰特：111

de Marchena, Fray Antonio ——弗雷·安东尼奥·德马切纳：179

de’Medici, Lorenzo di Pierfrancesco ——（意）洛伦佐·迪皮耶尔弗兰切斯科·德美第奇（1463—1503）：180

Derrida, Jacque ——（法）德里达（1930—2004）：53，56，64

Description of New Netherland ——《新尼德兰的叙述》：167

Dee, John ——（英）约翰·迪伊（1527—1608 or 1609）：136

Delisle, Guillaume ——（法）纪尧姆·德利尔（1675—1726）：138，142，153

Description of the Honor of Windsor ——《温莎荣誉描述》：136

Deville, Édouard Gaston ——爱德华·加斯东·德维尔（1849—1924）：

115
Des Barres, Joseph F.W.——（加）约瑟夫・F. W. 德斯巴雷斯（1721—1824）：113，171
Devon Maps and Map-makers: Manuscript Maps Before 1840 ——《德文郡地图和制图人：1840 年之前的手稿地图》：13
Dias, Bartolomeu ——巴尔托洛梅乌・迪亚斯：179
Digges, Leonard ——（英）伦纳德・迪格斯（约 1515—1559）：122
Directory of Canadian Map Collections ——《加拿大地图收藏辞典》：10
Donck, Adriaen van der ——阿德里安・范德邓克（约 1618—1655）：167
Duberger, Jean-Baptiste ——让 - 巴普蒂斯特・迪贝热（1767—1821）：112
Dubreuil, Lorraine ——洛兰・迪布勒伊：10
Dupain-Triel ——（法）迪潘 - 特里尔（1722—1805）：143
Duzer, Chet Van ——（美）切特・凡杜泽（1966—）：206

E

Early Mapping of Southeast Asia ——《东南亚早期绘图史》：122，124，171
Early Maps ——《早期地图》：23
Early maps of India ——《早期印度地图》：20
Early Thematic Mapping in the History of Cartography ——《地图学史上的早期专题图》：25
Ebstorf map ——《埃布斯托夫地图》：96
Editing Early and Historical Atlas ——《早期历史地图集的编纂》：99
Edney, Matthew H.——（英）马修・H. 埃德尼（1962—）：29，166

Edson, Evelyn ——（美）伊夫琳·安德森（1940—）：99
Eeste deel der Zeespiegel ——《海镜》：135
Elder, Robert ——罗伯特·埃尔德：104
Elliot, James ——詹姆斯·艾利奥特：98，107
English Books With Coloured Plates 1790–1860——《1790—1860 年间带彩色图版的英国图书》：5–6
English Map–making 1500–1650——《英国的地图制造：1500—1650》：24
Engraving in England in the Sixteenth and Seventeenth Centuries, Part I: The Tudor Period ——《16、17 世纪英格兰的印刷地图，第 I 部分：都铎时期》：24
Enniskillen map ——恩尼斯基林地图：74
Etherington, Norman ——诺曼·埃瑟林顿：172
Etzlaub, Erhard ——埃哈德·埃茨劳布（约 1455？/1465—1532）：97
Etzlaub map ——埃茨劳布地图：22
Everest, George ——（英）乔治·埃佛勒斯（1790—1866）：139
Exploration and Mapping of the American West Selected Essays ——《美国西部探险与绘图论文集》：25

F

Faden, William ——（英）威廉·法登（1749 –1836）：38，109
Farina, Luciano F.——卢西亚诺·F. 法里纳：91
Febvre, Lucien ——（法）吕西安·费弗尔（1878—1956）：48
Ferro, Gaetano ——加埃塔诺·费罗（1925—2003）：91–94，107
Fillastre, Guillaume ——（法）纪尧姆·菲拉特：178
Fischer, Joseph ——（德）约瑟夫·费舍尔（1858—1944）：175，181

Five Centuries of Map Printing ——《五个世纪的地图印刷》：25

Flinders, Matthew ——（英）马修・弗林德斯（1774—1814）：139

Foucault, Michel ——（法）米歇尔・福柯（1926—1984）：28，43，46，53–54，56–57，63，166

Fowkes, Francis ——弗朗西斯・福克斯：139

Freeman, James ——詹姆斯・弗里曼：102–104，106

Fries, Lorenz ——（德）洛伦茨・弗里斯（约 1490—1531）：124

Frisius, Gemma ——（荷）杰玛・弗里修斯（1508—1555）：136

From Sea Charts to Satellite Images: Interpreting North American History Through Maps ——《从海图到卫星影像：通过地图解释北美历史》：40

G

Gallagher, Gary W.——（美）加里・加拉格尔（1950— ）：205

Gardner, Charles K.——（美）查尔斯・K. 加德纳（1787—1869）：105

Gastaldi, Giacomo ——（意）贾科莫・加斯塔德（约 1500—1566）：124

Geographia（*Geography*）——《地理学指南》：22，96，130，135–136，177–178，185

Gerritszoon, Hessel ——（荷）赫赛尔・赫里茨佐恩（约 1581—1632）：168

Giddens, Anthony ——（英）安东尼・吉登斯（1938— ）：43，63，166，169

Glaser, Barney ——（美）巴尼・格拉泽（1930—2022）：196

Gilmartin, Patricia ——帕特里西娅・吉尔马丁：198

Going to Texas: Five Centuries of Texas Maps ——《走向得克萨斯：5 个

世纪的得克萨斯地图》：17

Gole, Susan ——苏珊·戈莱：20

Goad, Charles E.——（英）查尔斯·E. 戈德（1848—1910）：113

Gough map ——《高夫地图》：97

Gregorii, Johann Gottfried ——（德）格雷戈里（1685—1770）：3

Grim, Ronald E.——罗纳德·E. 格里姆：48

Grounded Theory ——扎根理论：196

Guide to Map Collections in Singapore ——《新加坡地图收藏指南》：11

Guide to U.S. Map Resources ——《美国地图资源指南》：10

Gunter, Edmund ——（英）埃德蒙·冈特（1581—1626）：103

Guthrie's Geography ——《格思里地理学》：140

Guthrie, Woody ——（美）伍迪·格思里（1912—1967）：152

H

Hakluyt ——（英）哈克鲁特（1552—1616）：186

Harding, John ——（英）约翰·哈丁（1378—1465）：97

Harley, John Brain ——（英）约翰·布莱恩·哈利（1932—1991）：28–65，70，73，81–82，84，86–87，94，116，162，164，166，171，188，199，205–207

Halle, Edmundy ——（英）埃蒙德·哈雷（1656—1742）：139

Harriot, Thomas ——（英）托马斯·哈里奥特（约 1560—1621）：134

Harrison, John ——（英）约翰·哈里森（1693—1776）：128

Harvey, Paul. D. A.——（英）保罗·哈维（1930— ）：94–98，107，117–122

Hatcher, Harlan ——（美）哈伦·哈彻（1898—1998）：200

Hayden, Ferdinand ——（美）费迪南德·海登（1829—1887）：141

Hayes, Derek ——德里克·哈耶斯：109

Hearne, Samuel ——（英）塞缪尔·赫恩（1745—1792）：111

Heck, Hann ——汉恩·赫克：91

Hereford map ——《赫里福德地图》：96

Hind, Arthur M.——（英）亚瑟·欣德（1880—1957）：24

Historical Atlas of Canada: Canada's History Illustrated With Original Maps ——《加拿大历史地图集》：109

Hobson, Janell ——贾内尔·霍布森：196

Hogenberg, Frans ——弗朗斯·霍根伯格（1535—1590）：138

Holland, Samuel ——塞缪尔·霍兰（1728—1801）：113，171

Hondius, Henricus ——亨里克斯·洪迪厄斯：127

Hondius, Jodocus ——约道库斯·洪迪厄斯（1563—1612）：135，168，192

Hoonaard, Will C. Van Den ——威尔·范登·霍纳德（1942— ）：189–196

Horwood, Richard ——（英）理查德·霍伍德（1757/8—1803）：149

Howgego, J.—— J. 郝根哥：25

How to Identify Old Maps and Globes, with a List of Cartographers, Engravers, Publishers and Printers Concerned with Printed Maps and Globes form c. 1500 To c. 1850—《怎样确认旧地图和地球仪：印刷地图和地球仪的绘图者、雕刻匠、出版商、印刷者列表，1500—1850》：4，11

Huddy, John ——（英）约翰·赫迪：24

Humboldt, Alexander von ——（德）亚历山大·冯·洪堡（1769—1859）：18，139，175

Hunt, Joseph ——约瑟夫·亨特：102，105

Hunt, Robert ——罗伯特·亨特：103
Hyde, George ——乔治·海德：102–106
Hyde, R.——（英）R. 海德（1939—2015）：24

I

Ignazio, Dante ——丹特·伊尼亚齐奥：144
Images of the World: The Atlas through History ——《世界图像：穿越历史的地图集》：48
Imago Mundi ——《图像世界》：23，45
intersectional analyses ——交叉分析：196
Investing in Maps ——《地图研究》：25
Ives, Butler ——（美）巴特勒·艾夫斯（1830—1872）：102，104
Ives, William ——威廉·艾夫斯：102–104

J

Jacob, Christian ——（法）克里斯蒂安·雅克布：29，81–86，206
Jansson, Jan（Jan Jansonnious）——（荷）扬·扬松（1588—1664）：138，168
Jefferys, Thomas ——（英）托马斯·杰弗里斯（约 1719 –1771）：38
Jolly, David C.——大卫·乔利：6–7

K

Karrow, Robert W.——（美）罗伯特·卡洛（1945—）：89
King, Clarence ——（美）克拉伦斯·金（1842—1901）：141
Kish, George ——（美）乔治·基什（1914—1989）：21
Klein, Bernhard ——伯恩哈德·克莱因：206

Klein, Christopher M.——克里斯多夫·克莱因：15

Klinghoffer, Arthur Jay ——亚瑟·杰伊·克林霍夫：87

Koepp, Donna P.——唐纳·克普：25

Kosonen, Katariina ——卡塔琳娜·科索宁：199

Kroessler, Jeffrey A.——（美）杰弗里·克罗斯勒（1952—2023）：10

Krogt, Peter van der ——（荷）彼得·范·德·克罗格特（1956—）：11

L

Lafferty, Maura ——毛拉·拉弗蒂：97

Lahiri, Manosi ——（印）马诺西·拉希里：124–125，171

LaLande, Jeff ——杰夫·拉朗德：102

Lambton, William ——（英）威廉·兰布顿（约 1753—1823）：139

Landmarks of Mapmaking ——《制图史的里程碑》：5

Lane, Michael ——迈克尔·莱恩：113

Langelier, Gilles ——（加）吉勒·朗热利耶（1947—1991）：10

Laxton, Paul ——保罗·拉克斯顿：34，38

Lee, Richard ——理查德·李：119

Lemon, Donald P.——唐纳德·勒蒙：146

Lester, Toby ——（美）托比·莱斯特（1964—）：173

Les Voyages De Vauban ——《沃邦之旅》：90，107

Lewis, Malcolm ——马尔科姆·刘易斯：68，75

Lewis, Michael ——迈克尔·路易斯：100

Licht der Zeevaerdt ——《航海之光》：135

Lister, Raymond ——雷蒙德·李斯特：4，11

Local Maps and Plans from Medieval England ——《中世纪英格兰的地方

地图与规划》：98
London: A History in Maps ——《伦敦：地图上的历史》：146–147
Luck, Steve ——（英）史蒂夫·勒克（1953—）：6
Lud, Walter ——瓦尔特·路德：180

M

Mackenzie, Alexander ——（苏格兰）亚历山大·麦肯齐（约 1764—1820）：111
Maggiolo, Vesconte ——韦康特·马焦洛（1478—1549）：123–124
Making Space: Revisioning the World, 1475—1600 ——《制造空间：修订世界，1475—1600》：182
Manasek, Francis J.——弗朗西斯·J. 马内瑟科：145
Mann, Gother ——（英）戈瑟·曼（1747—1830）：112
Manuscript and Annotated Maps, in the American Geographical Society Library: A Cartobibliography《美国地理学会图书馆馆藏手稿地图和注解地图目录》：11
Mapmakers of the Sixteenth Century and Their Maps, Bio–bibliographies of the Cartographers of Abraham Ortelius, 1570 ——《16 世纪的制图者及其地图：1570 年亚伯拉罕·奥特留斯与他的地图学家集合传记》：89
Mapping and Charting in Early Modern England and France: Power, Patronage, and Production ——《早期英格兰与法兰西的地图与海图绘制：权力、赞助与生产》：65，169
Mapping Antarctica, A Five Hundred Year Record of Discovery ——《绘制南极洲：一份 500 年的发现记录》：101，107
Mapping Colonial Conquest: Australia and Southern Africa ——《绘制殖

民征服：澳大利亚与南非》：172

Mapping India ——《测绘印度》：125，171–172

Mapping the American Revolutionary War ——《图绘美国独立战争》：38

Maps: A Historical Survey of Their Study and Collection ——《地图：地图研究与收藏的历史》：18

Maps and Civilization: Cartography in Culture and Society ——《地图与文明》：25

Maps and History: Constructing Images of the Past ——《地图与历史：构建昔日影像》：156–157

*Maps and Map–Maker*s ——《地图与制图者》：5–6

Maps and the Columbian Encounter: An Interpretive Guide to the Travelling Exhibition ——《航海展：地图和哥伦布相遇》：34

Maps and the Writing of Space in Early Modern England and Ireland ——《早期英格兰与爱尔兰的地图与空间写作》：206

Maps are Territories: Science is an Atlas: a Portfolio of Exhibits ——《地图是疆域：科学是一本地图集——展览中的一个文件夹》：65

Maps in Eighteenth–Century British Magazines A Checklist ——《18 世纪不列颠杂志地图》：15

Maps in Those Days: Cartographic Methods Before 1850——《过去的地图：1850 年之前的测绘方法》：99–100，107

Maps in Tudor England ——《都铎时期的地图》：117–118

Maps of Southern Africa ——《南非地图》：15

Maps of Texas and the Southwest, 1513—1900—《得克萨斯及其西南部地图，1513—1900》：17

Map Worlds: A History of Women in Cartography ——《地图世界：测绘学史中的女性》：189

Marine Cartography in Great Britain ——《大不列颠的海图》：24
Martellus, Henricus ——（德）亨里克斯 · 马提勒斯：179
Martin, Henri-Jean ——（法）亨利 – 让 · 马丁（1924—2007）：48
Martin, James C.——（美）詹姆斯 · 马丁：17
Martin, Robert Sidney ——（美）罗伯特 · 马丁（1949— ）：17
Martland, Nicholas ——尼古拉斯 · 马特兰德：11
Marx, Karl ——（德）卡尔 · 马克思（1818—1883）：166
McIntosh, Gregory C.——格雷戈里 · 麦金托什：90
McArthur, James ——詹姆斯 · 麦克阿瑟：115
McDermott, Paul D.——保罗 · D. 麦克德莫特：156
Mckenzie, D. F.——（新西兰）D. F. 麦肯齐（1931—1999）：48
Mead, George H.——（美）乔治 · H. 米德（1863—1931）：196
Medieval Maps ——《中世纪地图》：94–95，97，107
Mela, Pomponius ——蓬波纽斯 · 梅拉：178
Melish, John ——（苏格兰）约翰 · 梅莉什（1771—1822）：140
Mercator, Gerardus ——格拉尔杜斯 · 墨卡托（1512—1594）：135，137，184–185
Milne, Thomas ——托马斯 · 米尔恩：149
Minard, Charles Joseph ——（法）夏尔 · 约瑟夫 · 米纳尔（1781—1870）：143
Mitchell, John ——约翰 · 米切尔：138
Moir, D. G. ——D. G. 莫伊尔：25
Monmonier, Mark ——（美）马克 · 蒙莫尼尔（1943— ）：59，87，200，205
Monsaingeon, Guillaume ——纪尧姆 · 莫桑容：90
Morgan, William ——（英）威廉 · 摩根（？–1690）：148

Münster, Sebastian ——（德）塞巴斯蒂安·明斯特尔（1488—1552）：124，135–136

Murray, James ——詹姆斯·默里：111，114

Murray, Jeffrey S.——杰佛里·默里：109–115

N

National Map Collection, Minister of Supply and Services Canada ——《国家地图收藏》：10

Nicolaus ——尼古劳斯：135

Nolli, Giambattista ——（意）詹巴斯蒂塔·诺利（1701—1756）：140

Norden, John ——（英）约翰·诺登（约 1547—1625）：136–137，147，150

Norris, Christopher ——（英）克里斯托弗·诺里斯（1947—）：64

Norwich, Oscar I.——（南非）奥斯卡·诺威奇（1910—1994）：15

O

Ogilby, John ——（苏格兰）约翰·奥格尔比（1600—1676）：143，148

Old Globes in the Netherlands, A Catalogue of Terrestrial and Celestial Globes Made Prior to 1850 and Preserved in Dutch Collections ——《尼德兰老地球仪》：11

Ordnance Survey ——陆地测量局：33，36–38，76–77，143，150

Ortelius, Abraham ——亚伯拉罕·奥特留斯（1527—1598）：3，89，137，184–186，192

Ozen, Mine Esiner ——米内·埃西内尔·奥曾（1948—）：90

P

Panofsky, Erwin ——（德）欧文·潘诺夫斯基（1892—1968）：42–43，63，199

Paris, Matthew ——马修·帕里斯（约 1200—1259）：96，176

Pearsall, Phyllis ——（英）菲莉丝·皮尔索尔（1906—1996）：150

Petchenik, B. B. ——B. B. 佩切尼克（1939—1992）：38，68

Petrarch, Francesco ——（意）彼特拉克（1304—1374）：177

Petto, Christine Mari ——（美）克里斯蒂娜·玛丽·佩托（1961— ）：65，169

Peutinger, Knorad ——克诺拉德·波伊廷格（1465—1547）：98

Peutinger Map ——波伊廷格地图：98，130

Phillips, C. W.——（英）查尔斯·威廉·菲利普斯（1901—1985）：36

Phillips, Philip Lee ——（美）菲利普斯（1857—1924）：3

Piaget, Jean ——（瑞士）皮亚杰（1896—1980）：68

Picard, Max ——（德）马克斯·皮卡德（1888—1965）：64

Pierce, Franklin ——（美）富兰克林·皮尔斯（1804—1869）：104–105

Piper, Karen ——卡伦·派珀：87

PirÎ Reis and His Charts ——《皮里·雷斯及其海图》：90

Plancius, Petrus ——皮特鲁斯·普兰修斯（1552—1622）：185–186

Planudes, Maximos ——马克西莫斯·普拉努得斯（约 1260—1305）：177

Polanyi, Michael ——迈克尔·波兰尼：67

Polo, Maffeo ——（意）马费奥·波罗（约 1230—1309）：176

Polo, Marco ——（意）马可·波罗（1254—1324）：123，176，179

Polo, Niccolò ——（意）尼哥罗·波罗（约 1230—1294）：176

Pont, Timothy ——（苏格兰）蒂莫西・庞特（约 1560—1627）：136–137

Popper, Karl ——卡尔・波普尔（1902—1994）：78

Postnikov, Alexei V. ——（俄）阿列克谢・V. 波斯尼科夫（1939— ）：101

Powell, John Wesley ——（美）约翰・韦斯利・鲍威尔（1834—1902）：141

Preston, John Bower ——（美）约翰・鲍尔・普雷斯顿（1817—1865）：102–106

Printed Maps of London Circa 1553–1850——《大约 1553—1850 年间的伦敦印刷地图》：25

Printed Maps of Victorian London 1851–1900—《维多利亚时代伦敦的印刷地图，1851—1900》：24

Psalter map ——《赞美诗地图》：96

Ptolemy, Claudius ——克劳迪乌斯・托勒密（约 100–168）：7，22，76，96，127，130–132，135–136，177–180，185

Puma, Hawk（Guaman Poma）——霍克・普马（约 1535—1616）：71–72

Q

Quam, Louis O.——路易斯・奎姆（1906 –2001））：197–198

R

Raleigh, Walter ——沃尔特・罗利：133–134

Ravenhill, Mary R.——玛丽・拉文希尔：13

Refioglu, Nestern ——内斯腾・雷夫奥卢：90

Reich, Emil ——埃米尔・赖希（1854—1910）：160

Reinhartz, Dennis ——丹尼斯・莱茵哈德：206

Reis, Piri ——皮里・雷斯（约 1465—1553）：90，142

Rennel, Jamesl ——（英）詹姆斯・伦内尔（1742—1830）：139

Revelli, Paolo ——保罗・雷韦利：92

Ribeiro ——（葡）里贝罗（？ –1533）：186–187

Ringmann, Matthias ——马蒂亚斯・林曼（1482—1511）：175，180–181

Ristic, Jovanka ——（美）约万卡・里斯蒂奇：11

Robertson, C. Grant ——（英）C. 格兰特・罗伯逊（1869—1948）：160

Robinson, Arthur H.——（美）亚瑟・罗宾逊（1915 –2004）：25，68

Robinson, A.H.W. ——（英）罗宾逊（1925—2018）：24

Rocque, John ——约翰・罗克（约 1704—1762）：140

Rogers, John ——约翰・罗杰斯：119

Rome's World: the Peutinger Map Reconsidered ——《罗马的世界：波伊廷格地图的重新审视》：98，107

Ross, Tim ——蒂姆・罗斯：10

Rosselli Map ——罗塞利地图：22

Rouse, Joseph ——（美）约瑟夫・劳斯（1952—）：49，56，63

Rowe, Margery M. ——玛格丽・罗威：13

Roy, William ——（苏格兰）威廉・罗伊（1726—1790）：144

Rural Images: The Estate Maps in the Old and New Worlds ——《乡村影像：新旧世界的地产地图》：117

Rural Images: The Estate Plan in the Old and New Worlds ——《乡村影像：新旧世界的地产图》：116

Rüst and Sporer ——吕斯特和施波雷尔：22
Ruysch, Johannes ——约翰尼斯·勒伊斯（约 1460—1533）：114

S

Sagan, Carl ——（美）卡尔·萨根（1934—1996）：73
Salutati, Coluccio ——（意）科卢乔·萨卢塔蒂（1331—1406）：178
Sanborn, D. A.–D. A. 桑伯恩（1827—1883）：113
Saxton, Christopher ——（英）克里斯托弗·萨克斯顿（约 1540—1610）：120，136–137
Schaffer, S.——（美）西蒙·谢弗（1955—）：73
Schilder, Günter ——（荷）金特·席尔德（1942—）：169
Schmidt, Benjamin ——本杰明·施密特：166
Schwartz, Seymour I. ——（美）西摩尔·施瓦茨（1928—2020）：151，153，155–156
Schwartzberg, Joseph ——（美）约瑟夫·施瓦茨贝里（1928—2018）：130
Schweickert, Tina K.——蒂娜·K. 施韦卡特：106
Sea Monsters on Medieval and Renaissance Maps ——《中世纪与文艺复兴时期地图上的海怪》：206
Seymour, W. A.–W. A. 西摩：37
Shapin, S.——（美）史蒂文·夏平（1943—）：73
Short, John Rennie ——（美）约翰·伦尼·肖特（1951—）：125，127–128，141，144，182
Sifton, Clifford ——（加）克利福德·西夫顿（1861—1929）：111
Skelton, R. A. ——（英）斯凯尔顿（1906—1970）：4，18，21，98
Smith, David ——大卫·史密斯：8，24

Smith, John ——约翰·史密斯（1580—1631）：151，155

Smith, William ——（英）威廉·史密斯（1769—1839）：144

Speed, John ——（英）约翰·斯皮德（1551or1552—1629）：137

Spieghel der Zeevaerdt ——《航海之镜》：135

Spiere, Hans ——汉斯·斯皮尔：198

Stanford, Edward ——（英）爱德华·斯坦福（1827—1904）：150

Stevens Jr., Henry Newton ——小亨利·牛顿·史蒂文斯：181

Stitching the World: Embroidered Maps and Women's Geographical Education ——《缝纫世界：刺绣地图与女性地理教育》：197

Strauss, Anselm ——（美）安塞尔姆·斯特劳斯（1916—1996）：196

Suárez, Tomas ——托马斯·苏亚雷斯：122–124，171

Sutton, Elizabeth A.——伊丽莎白·萨顿：164–169

Sylvanus, Bernardus ——（意）伯纳德斯·西尔瓦努斯：135

Symbolic interactionism ——符号互动论：196

T

Talbert, Richard J. A.——（美）理查德·塔尔伯特（1947—）：86，98，100，107

Tasman, Abel ——（荷）阿贝尔·塔斯曼（1603—1659）：135

Terra Nostra: The Stories behind Canda's Maps: 1550–1950——《我们的大地，1550—1950：加拿大地图背后的故事》：109

The Art of the Map, an Illustrated History of Map Elements and Embellishments ——《地图艺术：地图要素与修饰的图解史》：206

The City in Maps: Urban Mapping to 1900——《地图上的城市：到 1900 年为止的城市地图绘制》：98，107

The Earliest Printed Maps ——《最早的印刷地图：1472—1500》：20

The Early Maps of Scotland to 1850—《苏格兰地图：从早期到 1850 年》：25

Theatre of Empire: Three Hundred Years of Maps of the Maritimes ——《帝国戏剧：航海地图上的三百年》：146

Theatrum Orbis Terrarum ——《寰宇全图》：3，137，184，186

The Fourth Part of the World: The Race to the Ends of the Earth, and the Epic Story of the Map That Gave America its Name ——《世界的第四部分：竞至地球尽头并命名美洲的地图史诗》：173

The General Atlas ——《通用地图集》：140

The Genoese Cartographic Tradition and Christopher Columbus ——《热那亚地图学传统与克里斯托弗·哥伦布》：91，107

The Historian's Guide to Ordnance Survey Maps ——《历史学家的陆地测量局地图指南》：36

The History of Cartography, A Bibliography: 1981–1992——《地图学史论著目录：1981—1992》：18

The History of Cartography ——《测绘学史》：4，23

The Mapmaker's Eye: Nova Scotia through Early Maps ——《绘图者的视野：早期地图中的新斯科舍》：108

The Mapmakers' Legacy: Nineteenth–Century Nova Scotia through Maps ——《绘图者的遗产：地图上 19 世纪的新斯科舍》：108

The Mapmaker's Quest: Depicting New Worlds in Renaissance Europe ——《绘图者的探索：文艺复兴时期对新世界的描绘》：181

The Mapping of Russian American: A History of Russian–American contacts in Cartography ——《俄属美洲的图绘：地理学上的俄 – 美联系历史》：101

The New Nature of Maps: Essays in the History of Cartography ——《地图

新质：地图学史论文集》：29，34，38–39
The Philosophy of Science ——《科学哲学》：73
The Piri Reis Map of 1513 ——《1513 年的皮里・雷斯地图》：90
The Power of Projections: How Maps Reflect Global Politics and History ——《投影的权力：地图如何映射全球政治与历史》：87
The Story of Maps ——《地图的故事》：23
The Sovereign Map: Theoretical Approaches in Cartography Throughout History ——《君权地图：在历史中探索地图学的理论路径》：81
The World Map, 1300–1492: The Persistence of Tradition and Transformation ——《1300—1492 年间的世界地图：传统的持续与转换》：99
The World Though Maps: A History of Cartography ——《穿越地图的世界：地图学史》：125
This Land is Your Land: the Geographic Evolution of the United States ——《这是你的土地：美国的地理进程》：151–152
Thorpe, Harry ——（英）哈里・索普（1913—1977）：31
Thrower, Norman J. W.——（美）诺曼・思罗尔（1919—2020）：25
Tooley, Ronald vere ——（英）罗纳德・托利（1898—1986）：2，4–6，20
Tooley's Dictionary of Mapmakers ——《托利制图者辞典》：2，4
Tools of Empire: Ships and Maps in the Process of Westward Expansion ——《帝国的工具：西进运动中的船与地图》：172
Toulmin, Stephen ——（英）斯蒂芬・图尔明（1922—2009）：73
Trading Territories: Mapping the Early Modern World ——《贸易疆域：绘制近代早期的世界》：182
Treviso, Girolamo da ——吉罗拉莫・达特雷维索（1508—1544）：119

Turnbull, David ——（澳）大卫·特恩布尔（1943—）：28–29，65–76，78–80，206

Tyacke, Sarah ——（英）萨拉·泰亚克（1945—）：24

Tyner, Judith A.——朱蒂丝·A. 泰纳：197

U

Unger, Richard W.——（美）理查德·恩格尔（1942—）：86

V

Vallard Atlas ——《瓦拉尔地图集》：131

Vancouver, George ——（英）乔治·温哥华（1757—1798）：111

Vaugondy, Didier Robert de ——（法）迪迪埃·罗贝尔·德沃古德（1723—1786）：153

Vérendrye, Pierre Gaultier de la ——皮埃尔·戈尔捷·德拉韦朗德里（1714—1755）：111

Verran, Helen Watson ——海伦·沃森·韦兰：66

Vesconte, Pietro ——彼得罗·韦康特：96–97，131

Vespucci, Amerigo ——（意）阿梅里戈·韦斯普奇（1451—1512）：175，180

Vinci, Leonardo da ——达·芬奇：74，137，178

Virga, Vincent ——文森特·维尔加：156

Volpe, Vincenzo ——（意）温琴佐·沃尔佩：119

W

Waghenaer, Lucas Janszoon ——（荷）卢卡斯·扬松·沃恩纳尔（约1534—1606）：135

Waldseemüller, Martin ——（德）马丁·瓦尔德塞弥勒（约 1470—1520）：123，134–135，174–176，180–181

Walker, Francis ——（美）弗朗西斯·沃克（1840—1897）：141

Wallerstein, Immanuel ——（美）伊曼纽尔·沃勒斯坦（1930—2019）：166

Wallis, Helen ——（英）海伦·沃利斯（1924 —1995））：2–3

Weber, Max ——（德）马克斯·韦伯（1864—1920）：166

Wheeler, Georg ——乔治·惠勒（1842—1905）：141

White, John ——约翰·怀特（约 1539—1593）：134

Whitfield, Peter ——彼得·惠特菲尔德：147

William Faden and Norfolk's 18th–Century Landscape ——《威廉·法登与诺福克的 18 世纪景观》：109

Winearls, John ——约翰·威纳尔斯：98–99

Wittgenstein, Ludwig ——（奥）维特根斯坦（1889—1951）：68，72，79

Wolf, Eric W.——埃里克·W. 沃尔夫：18

Wolter, John A.——（美）约翰·A. 沃尔特（1925—2015）：48

Woodward, David ——（英）大卫·伍德沃德（1942—2004）：23，25，30，33–34，70，81，84，87，94

Wood, William ——威廉·伍德：152

后 记

本书源于2015年8月—2016年8月我在加州大学伯克利分校（University of California, Berkeley）访学期间的阅读，以该校图书馆馆藏为主。在此，首先要感谢我的师姐黄义军，帮我联系了合作导师Michael Nylan（戴梅可）教授，顺利获得了国家留学基金委非常难得的公派出国访学机会。

联系戴老师的时候，是准备到她那里把我关于先秦两汉之际古典学术演变的问题写出来。但是在逛了伯克利东亚图书馆东侧的地球与地图图书馆，看到书架上一排排世界各地的地图册和地图史研究的论著之后，虽然深知自己的外语能力差，我仍然毫不犹豫地决定改变计划，开始按书架翻检、阅读世界各地的地图册和地图史研究论著。虽然很多语言完全读不懂，但是地图图像、地图上的花纹却仍然是那么引人入胜，以至于认真思考了地图的可通约性问题。

考虑到以我的语言能力，一年内能够阅读与翻检的地图史研究论著会非常有限，必须抓紧时间的同时还要讲究方法与策略。从周一到周五，早上将小孩送到位于University Village旁边的Ocean View Elementary School，乘公交车去学校，在图书馆待到下午12点多一点，顺带借一两本地图史的书，乘公交返回小学接孩子。有时候公交车的点没有踏准，就需要走一段路到小学。在伯克利大学西门的公交车站附件有一家很好的披萨店，而在小学附近从San Pablo Ave快要到拐向E. Second St.的地方有一家Subway快餐店。来得及的时候就在披萨店买一块披萨，来不及的时候则在下了车之后在快餐店买一个火鸡汉堡，有时候会给儿子留一半。接孩子回寓所之后，孩子自己找人玩，我则接着看书。当然也有不少时候偷懒，把借的书翻完或做完必要的记录之后再到图书馆去借。那一年，除了周三晚上去戴老师家上读书班的课，其他工作日大体这样度过。节假日则主要带着孩子逛书店，偶尔由朋友带着去周边郊游或聚餐。就这样不紧不慢地，一年下来居然做了几百页的笔记，对世界地图史研究有了一点轮廓性的了解。

回国以后，写了一篇西方地图史研究综述，在一次会议上邹振环先生看了之后觉得还可以，现在在陕西师大工作的李鹏博士当面提出可以扩展为小册子。但是这些年我在玩物丧志的路上走的有点远，想法很多，实实在在的写作却不够，这件事情也就拖沓了下来。前年年底学院有一笔出版经费，遂报了这个题目。此前指导王俊姣写了哈利的地图史哲学本科学位论文，她对英文的西方地图史研究论著已有一定的了解，就请她帮我准备这部分内容。她写初稿，我修改后在“子曰的史料与史学”公众号上陆续公布了一些。日文部分本来请王保顶老师的学生刘素红帮忙，请她帮我整理目录，并撰写重要日文论著的内容提要，然后我修改定稿，但是中途计划有变，这部分目前未能完成，只能有待日后补充了。因为我们能力有限，条件也有限，而西文地图史研究论著又极其丰富，所以呈现给大家的只是西方地图史研究的一个侧面，希望有条件的同仁能够撰写系统的西方地图史研究手册，以供国内同行参考。

在伯克利的一年，虽然没有能够在中国史研究方面有进步，但是在浏览世界各地的地图册和地图史研究论著的过程中，自己觉得在思考问题的视角上比以前更宽阔一些了，能够有意识地把研究对象放到全球学术和全球历史发展的背景中去理解，也更知道在史学研究中要在理论或思想方法上有原创性是多么地难，也更坚定地认为需要尝试去做在理论和思想方法上有原创性的研究，那样才能触动或推动人们的认知。而生产在人类历史上有原创性的理论或思想方法，在这个全球化时代，必须对全球知识生产的现状也就是学术史有准确而深入的把握，否则所谓的原创很可能是世界上别的地方的学者已经早就深入阐述过的论题，甚至所谓的原则只不过是换个研究对象而没有声明的二手货，乃至三手货。因此，我们需要有条件又有专业的学者来做这种为学术发展铺路的基础性工作。这种工作吃力不讨好，愿意做的人本来就不多。而在今天的网络时代，不少人想当然地认为上网一检索就能解决，此类工作没有必要。这是一种非常无知的误解。事实上，如果没有在专门领域经受过系统的阅读训练，并听过该领域专家的课程，则很难对该领域学术发展做出准确的评价。对学术史把握的准确程度与深入程度，直接决定了研究天花板的高度。这也是我们做《西方地图史研究概论》的根本动机。通过我们的砖头，引出学者们的玉，以促进中国学术在理论与方法上的原创。

在伯克利访学的日子除了要感谢东亚图书馆何剑叶老师，并该校各图书馆工作人员之外，更要感谢访学群中认识与不认识的朋友们，当然要特别感谢何忠、田梅夫妇给予的全方位帮助，使得我和孩子能够轻松惬意地学习与生活。还有刘云建、周峰、周霞、君慧、王璐、马妮、李辉、长松、刘正、刘伟、刘见老爷子，艾医生夫妇，以及各家的小朋友们。还有一些当时很熟悉，因为没有留联系方式，在我日益衰弱的记忆中想不起来的访学同仁们。在这里要感谢小朋友在 Ocean View Elementary School 的班主任，一位跳爵士舞的高挑美丽女孩，以及英语补习教员，一位温柔美丽的中年女士，谢谢你们对孩子的耐心教导，在与你们的连比带画的交流中，让我对美国基础教育有了真切的认识，破除了一些偏见。

2016年美国大选，在一个周末的伯克利街道上带着孩子闲逛，刚好遇到为选举拉票举办的各种游戏活动，小朋友玩的很开心，一位华裔老奶奶过来问我们是否投票，赶紧解释了我们只是访问学者，不是美国人，没有投票权。这位老奶奶很温雅，告诉我们可以移民到美国，获得投票权。在对她的好意表达谢意的同时，也被当地华人积极参与政治以融入美国社会的努力表示敬意。这种敬意，是在去过旧金山唐人街之后，在免费观看 San Pablo Ave 剧院当地华人社团组织的春节联欢节目之后，在注足 Albany 大华超市（99 Ranch Market）春节期间的开市表演之后，对一百几十年来华人移民的落地生根之不易有直观感受之后的一种自然反应。

当我们在那个夏天离开美国之后，因为反对新当选的特朗普，伯克利大学城爆发了一场不小的游行示威活动。而随着特朗普正式执政，中美关系日趋紧张，赴美访学也变得大不如前。至于2019年年底新冠疫情暴发，世界发生了巨大的变化，虽然全球化仍在，但是隔离成为一个不得不认真对待的现象。要想如2019年之前那样轻松地到世界各地访学，已是颇为困难。世界流动的形式开始变得不那么友好，这阻碍了各国人民的理解，增加了不同人群之间的隔膜。如果绘制成地图的话，2019年之后的地图上竖起了各种形式的看得见的栅格网。这不是人类的未来。

最后要特别感谢刘朝霞，她第一遍审校我们的初定稿的时候，正是北京疫情管控比较严的时候，网络让这种区隔得以部分地被消解。

潘晟
2022.5.31 初稿于北东瓜市寓所
2022.6.19 修改于正在打包准备搬离的北东瓜市寓所